娶一个美女，只是一个男人的本能，
　　让女人变得美丽自信，这才是一个男人的本事；
　　嫁一个成功的男人，只能证明女人找到了宝藏，
　　帮男人变得越来越成功，才能证明这个女人本身就是宝藏。

喜欢就会放肆,
但爱是克制

苏杭／主编

北京工业大学出版社

图书在版编目(CIP)数据

喜欢就会放肆,但爱是克制 / 苏杭主编.—北京:北京工业大学出版社,2015.7
 ISBN 978-7-5639-4352-4

Ⅰ.①喜… Ⅱ.①苏… Ⅲ.①情感—通俗读物 Ⅳ.①B842.6-49

中国版本图书馆 CIP 数据核字(2015)第 131138 号

喜欢就会放肆,但爱是克制

主　　编:	苏　杭
责任编辑:	李周辉
封面设计:	远流书衣
出版发行:	北京工业大学出版社
	(北京市朝阳区平乐园 100 号　邮编:100124)
	010-67391722 (传真)　　bgdcbs@sina.com
出 版 人:	郝　勇
经销单位:	全国各地新华书店
承印单位:	辽宁美程在线印刷有限公司
开　　本:	787 毫米×1092 毫米　1/32
印　　张:	8
字　　数:	143 千字
版　　次:	2015 年 10 月第 1 版
印　　次:	2015 年 10 月第 1 次印刷
标准书号:	ISBN 978-7-5639-4352-4
定　　价:	32.00 元

版权所有　翻印必究

(如发现印装质量问题,请寄本社发行部调换　010-67391106)

前言

爱,会让彼此更优秀!

娶一个美女,只是一个男人的本能,让女人变得美丽自信,这才是一个男人的本事;嫁一个成功的男人,只能证明这个女人找到了宝藏,帮自己的男人变得越来越成功,才能证明这个女人本身就是宝藏。

好的婚姻是通过造就对方来成就自己,不好的婚姻是通过消耗对方来满足自己。

爱,会让彼此更需要对方!

男人如山,女人如水。男人喜爱女人,因为山对水的依恋;女人欣赏男人,因为水对山的景仰。

没有了女人,男人的世界一片苍白;没有了男人,女人的世界也一片荒芜。

没有绿水缠绕的青山,是失意的;没有青山守护的碧水,更是寂寞的。

水可以托起船，也可以淹没它，很多男人借助女人顺流而下，抵达成功的彼岸，很多男人却由于女人而搁浅了理想。

爱，会让彼此更成熟！

男人的目光是桨，在水面荡漾；女人的心思像草，在水底招摇。

对待女人，男人常常用一种干渴的眼神来打量；对待男人，女人常常用一种旋涡的方式来考验。

男人总是把女人想象成鱼，恋爱无非就是个捕捞的过程；女人则希望自己是船长，结婚了，就可以操纵男人的航向。

后来，男人和女人都明白了，谁也没有比谁更重要，谁也不该被轻视和辜负，因为家才是彼此停靠的港湾。

女人需要家，就像水需要容器；男人需要家，就像船需要停泊。

爱，会让彼此更有担当！

年轻时，男人对女人的了解，一般只停留在水面上轻浮的认识。生活的负荷越重，吃水线越深，才知道对于男人，女人是一种多么坚强的存在。

男人只有在爱上一个女人的时候，女人才能伤害男人。大多数女人都只能伤害真正爱她的男人。

前言

爱，会使彼此更有魅力！

只有骄傲和自信，才是女人最好的装饰品。

一个没有信心、没有希望的女人，就算她长得漂亮，也绝不会有那种令人心动的吸引力。这就正如在女人眼中，只要是成功的男人，就一定不会是丑陋的。

事业的成功，才是男人最好的装饰品。

爱，也会让彼此更克制！

若只是喜欢，便会想着把自己认为最好的给对方。所以，你会不考虑别人的感受，做自己想做的、认为对的、对对方好的事情，包括很多很错误的事情。但是在另一半看来，你为对方做的那些事情简直糟糕透了。你只是以"自以为是"的方式去喜欢，那么你的爱就会很盲目，充满了固执、戾气。

你以为自己掏心掏肺了，但在别人看来却是顽固不化；你以为自己是在为爱发狂，但在别人看来，你其实根本就不懂爱。

若真爱一个人，就会揣摩他的心理，了解他，理解他，知道他内心深处最想要的，想让他开心。这样就会忽略自己，放弃自己的很多想法和做法，克制自己的自以为是，怕自己的任性和大意会伤害到他，这就是克制，这才叫爱。

目录

| 01 |
妙语女人

风情女子，各有芳华　　／ 002

内秀女子，馨香迷人　　／ 007

如水女人，清白明净　　／ 011

品位女人，刻骨铭心　　／ 013

如伞女人，睿智宽容　　／ 017

如玉女人，不染风尘　　／ 020

如酒女人，勾兑美丽　　／ 024

如书女人，知性内秀　　／ 027

如花女人，楚楚动人　　／ 030

| 02 |
做个灵魂有香气的女人

气质与内涵是女人一生的财富 / 036

优雅的女人是一棵有 101 种风景的树 / 042

有修养的女人,美到灵魂深处 / 045

愿你的心中开着一朵淡淡的花 / 051

善良是美好的通行证 / 055

遇到有味道的女人是一种福气 / 058

长得漂亮不如活得漂亮 / 061

智慧之于女人,是情感的丰盈与独立 / 063

气质是女人永恒的化妆品 / 067

女人的媚态:羞涩与温柔 / 069

爱好让你拥有别样的风致 / 074

目录

| 03 |
既要有爱，还要会爱

爱情是女人一生的事业　/ 080

有多少爱，就有多少体谅　/ 083

爱到极致是宽容　/ 086

既要懂得暧昧，又要懂得拒绝　/ 089

脾气多不得，但一点没有也不行　/ 091

受男人青睐的女人，是大气的小女人　/ 094

会爱的女人懂得婚姻的真谛　/ 098

不漂亮也是一种福气　/ 100

既要可爱，还要会爱　/ 104

最深沉的爱，是心疼　/ 108

男人沉默时，女人该怎么办　/ 110

| 04 |
优秀的好男人,是好女人打造的

好女人是一所学校 / 114

好女人能够改变男人的一生 / 117

胖女人给男人带来福气 / 120

男人是女人调教出来的 / 123

女人的性格,决定了男人的财富 / 125

女人的素质,决定了男人的地位 / 128

好男人是夸出来的 / 131

| 05 |
天生能给男人带来好运的女人

男人是孩子,心底藏着要人疼爱的欲望 / 136

南方女人和北方女人 / 140

女人是男人的家 / 143

天生能给男人带来福气的女人 / 146

什么样的女人是有福气的女人 / 150

对的人，会让你更美好 / 154

| 06 |
男人要去懂女人，女人才能变得更好

聪明的男人像发现宝藏一样对待女人 / 158

女人的美离不开男人的色 / 161

女人的美丽是男人滋润出来的 / 164

男人，你知道女人为什么总想念旧情人 / 166

女人一生会遇到三个男人 / 170

男人，你真的懂你的女人吗 / 172

相爱的人不要宣战 / 175

| 07 |
好男人对自己有要求，对女人没要求

好男人用细节赢得女人心 / 180

好男人对自己有要求，对女人没要求　/ 183

好男人用行动去爱女人　/ 187

好男人用魅力征服女人　/ 190

好男人知道尊重女人　/ 193

好男人不和他爱的女人讲理　/ 197

| 08 |
男人的多情，女人的专情

男人是三角板，女人是圆规　/ 200

成熟男人知道退一步，幸福女人懂得让一步　/ 207

男人来自火星，女人来自金星　/ 212

男人多情而长情，女人专情而绝情　/ 216

男人如茶要养心，女人似水要养性　/ 219

男人会"装"有深度　/ 222

| 09 |
友情以上,爱情以下

女人心里都有一块原始的荒地 / 226

男人要红颜,如何做知己 / 230

蓝颜知己和你的距离永远是 0.5 米 / 234

友情以上,恋人未满 / 237

01
妙语女人

女人是本无字的书,
主要是看你怎样对待、怎样理解。
对于很多男人而言,好女人一生也许不曾谋面,
但只要相逢一次,就会留恋一生。

世上好花千千万，千万不要辜负了你手中最值得珍惜的一朵。她肯供你攀折，陪你苍老，伴你走过青葱岁月，你的遗忘和背叛会让她痛不欲生。

风情女子，各有芳华

风情女子是琴样女子。"琴者，禁也"，意思是琴有诸多禁忌，要有知音相对。所以说琴样女子是女中之王，清贵孤高，少有人仰攀得起。

试问有几个男人是真正的知音者？所以，她们宁可当哑吧。一张案上蒙尘的琴，犹如一把壁间张挂的剑，用武之处非但没有，反而有一种前生命定的孤寂。

风情女子是棋样女子。这样的女子，有心机、有手段、有套路、有规则，看似平静，平静中有杀机，看似安然，安然处隐惊雷。

别看她安静沉默，或娇憨妩媚，很可能你在欣赏和心仪她的时候，她已经把你看作棋坪一颗子。男人要小心了，能操纵棋样女子的人不多，多半会被她操纵了，霍然梦醒，往事历历，你才伤心地发现她的明眸皓齿中暗含的玄机。

风情女子是书样女子。深沉、博大、睿智而又悲观，这就是书样女子。她相信世上无不散的筵席，所以热闹起处，先看到夜阑人散的结局。但也因为先在思想上打好一个色调较低的底子，反而更有益于安宁平静地生活下去——一个对生活没有过分奢求的人，幸福反而来得更快一些。

书样女子也总要嫁人的。她最大的幸福是嫁给一个书样的男人，才能真正实现比翼双飞的境界，就像杨绛和钱钟书，两个人在书中得到最大的宁静，在彼此身上得到最大的安慰。但是对一般男子而言，娶一个书样女子却不是喜剧。你无法驾驭她的灵魂，而且如同登梯。你一日停留，她就从你身边悄悄走过，只留下一个遥远的影子。

女人一旦迷上书山胜境，男人就有福了，你会少了许多她在外边疯玩疯闹、把头发染黄染白、把嘴唇涂红涂绿的忧虑，但你也必须接受一个让人沮丧的现实：就算踮起脚来，你也无法理解她的全部含义。

画样女子。这样的女子，美是不消说的，能上画自然脸目漂亮，仗着好颜色倾国倾城，这就叫青春无敌，让人没脾气，例如四大美女。但是，西施无非一个浣纱女子，貂蝉也不过一个女侍，青春的美丽抵不过有些浅薄的底子。古人对西施早就有这样的感慨：美则美矣，少些诗情，徒有画意。爱美的男人得之有福了，深刻的男人则有些不遂心满意。

当画样女子如同青藤把自己和树样的男人缠缚在一起，就少了精神上的并肩站立。而且岁月如水，容颜老去，只落得靠着回忆自己昔日的美丽度过漫长的一天又一天。

一朵花老在岁月里，是时光给画样女子最大的哀悯和讽刺。这样的女子，外不能主宰命运，内不能主宰内心，所以只能随波逐流，不知所归。

诗样女子。诗样女子，如同薄暮落梅，什么事情都能触动神经，一洒同情之泪。所以说，诗样女子过于情绪化，伤春悲秋是常事。这样的女子，无论命运如何，内心总在漂泊。

一茬又一茬的诗样女子，本身就是一阕伤春的诗词。一个女子与贺铸相恋,别后寄之以诗:"独倚危栏泪满襟,小园春色懒追寻。深恩纵似丁香结,难展芭蕉一片心。"唐琬被迫和陆游分开,再见时和之以词:"世情薄,人情恶,雨送黄昏花易落。"当然,如诗女子未必都会写诗,但必是情怀如诗——多情、忧伤、美丽。

  酒样女子。光阴把女子情怀酿得如酒,如桃,望着芬芳可爱,尝之如饮醇醪。这样的女子三十开外最是美丽,世事该经历的也都经历了,市侩和冷酷还离自己很远很远。不会见了哪个男人就乱抛秋波,但知己对坐,哪怕什么也不说,安静坦然的友情也就让人微微地醺醉了。

  这样的女子很低调,是青石板上微雨里静静走着的那一个,目光平和淡定,把自己融入周遭暮色苍茫的世界。孤独,不怕;呼朋引伴,不必了;伤春悲秋,有一点点。也想遇见一个什么样的人来让自己爱一爱,梦还在做着,还没有做醒,就已经知道是梦了。

  酒样女子,男人得之未必如妻,只要如友,就是有福了。但是你自己先须够格,否则她不见得会不理你,但你却会有一种怎样努力也触不到她内心的尴尬。至于所谓的情色男人,想要套牢她,还是免了吧。

花样女子。所有美丽的女子都如鲜花,开在世界和时间里,诗酒趁年华。红牡丹、白海棠、紫藤萝,试问哪一种花不美呢?初开时,迎风摇晃;半开时,娇嫩欲滴;盛开时,灼灼其华;开败了,绿叶成荫子满枝。

世上好女子一茬又一茬地成长起来,这对于男子来说既是福分又是折磨,整天想着如何才能得到最多。但是世上好花千千万,千万不要辜负了你手中最值得珍惜的一朵。

她肯供你攀折,陪你苍老,伴你走过青葱岁月,你的遗忘和背叛会让她痛不欲生。花样女子的典型命运本来就是落红成阵,零落舞东风,就算怎样爱护珍重,都是留不住的。(澎飞)

> 花的美,在拈花一笑间由心灵上产生;内秀女人的美,美在心灵,美在气度,美在内涵。

内秀女子,馨香迷人

当男人有一定的阅历的时候,会更注重欣赏女人的内在之美。花的美,在拈花一笑间由心灵上产生;内秀女人的美,美在心灵,美在气度,美在内涵。

你身上最动人的地方,并不是这张脸,也不是身材,而是你那种成熟的风韵。所以,散发成熟气质的女人最迷人,女人不是因为漂亮而耀眼,而是因为心灵美丽而动人。

精致女人质地精良、韧性十足,优雅大气、豁达变通。女人的雅味是淡妆,话很恰当,笑容可掬,爱执着。无论什么场合,她都能好好地"烹饪"自己,让自己秀色可餐,独立自信,忠于自我,坚守原则,目标清晰,当男人回家,女人一瞧男人眼色,上前嘘寒问暖,男人的烦恼遂烟消云散,所谓名利、世态炎凉,也被女人的细心呵护消融了;女人心细,也便善于持家,男人自不必为柴米油盐操心费神,女人会把家料理得顺顺当当,营造得温馨可人。

自信女人。自信能使女人一副平庸的面孔变得光彩照人。要培养、保护自己的魅力。不消极不自卑,思维开阔,心态平和,利索干练,从内到外透露着一种乐观、纯净、轻透、灵动、高贵、优雅、自信。

乐观的女人给人带来快乐,谁都喜欢与之交往。与她谈天说地,常给你人生的启迪,让你沉静,教你努力,感受到生活的美好与希望。

宽容女人有一种非凡的气度,凡事有度,略显羞态。恰恰是美的昭示,最能激起男人怜香惜玉的心态。她那矜持的语言,脉脉含情的目光,嫣然一笑的神情,仪态万方的举止,楚楚动人的面容,总是胜过千言万语。

宽容女人历经岁月风雨的沧桑,清楚自己所需所求,洞悉人情世故，深知人生之意义。珍惜感恩，隐忍宽容，方得心灵平静。像一本内容丰富的书，越看越有趣，越品越有味。

柔情女人有母性的善良、关切、慈祥。最能打动人的是温柔，她不是矫揉造作，而是用一只纤纤玉手，知冷知热，知轻知重，理解男人的思想，体察男人的苦乐。只要她轻轻一抚摸，就给男人疲惫的心灵以妥帖的抚慰。

柔情女人不用暴露的装束来表达自己的性感，而是营造出一种迷人的气氛，从骨子散发自己的柔情和妩媚。不是用自己的脸蛋和身体吸引男人的眼球，而是用自己的气质和思想抓住男人的心灵。

智慧女人除了美貌，还要有灵魂，否则便会沦为花瓶。女人要美丽，更要智慧。修养的高低与好坏，会给人以充分的感受：是温文尔雅，还是谦卑忍让。女人不再像小女孩那般放肆张扬，带着一种慈祥的气息、冷静的气度、迷人的高贵，像一首温柔婉约的小诗，像一枝清香四溢的茉莉，像一潭清澈却看不到底的湖水，充满智慧，充满灵性。

矜持女人对待男人不会过于主动或热烈，含蓄中有一分矜持,柔和中有一分刚强,既不冷傲到令人无法亲近,又不随便地让人轻易进入她的内心。总是给男人无限的遐想,又不敢随意碰却。太奔放,太热情,跟男生相处比跟女生相处还自在,少了矜持的女人是嫁不出去的。男人都喜欢跟奔放的女人做朋友,但不愿意找个这样的女人结婚。

成熟女人穿衣服的时候,不再像年轻的女孩们只认流行和款式,更讲究衣服的质地、做工、细节等。款式简单大方,不同的场合穿不同的服装,身上的饰物不多,但处处得体,与衣服浑然一体,风格一致。

成熟女人不浓妆艳抹,也不素面朝天,略施薄妆,使自己看起来清爽宜人即可。

成熟女人先天质感丰厚,拥有傲人的资本,再加上有着水洗火炼过的精粹,其价值是永远不会消减的。她坚韧的锋芒里有着跟普通人一样馨柔的缕缕幽香,无论生活怎样打磨,这样的女人只会越磨越亮,让其更加纯粹、价值更高。其丰富的内涵储存在稳重中,值得被人满怀敬意地珍藏。(邓仲祥)

你和她谈风说浪,她懂,因为她曾被狂风掀起滔天巨浪;你和她谈港湾的宁静,她亦懂,因为她曾享受过风平浪静的恬然。

如水女人,清白明净

有一种女人像自来水。她的一生顺顺畅畅,无风也无浪,单纯如白纸。她看不到世道险恶,看不出人心叵测。与她交谈,只能涉及风花雪月,而较广较深的人生看法,都无法和她交谈,因为她不懂,她满足于现状。

表面上看,自来水样的女人是幸运的,然而从人生的另一个角度上分析,人生的五味,她独占甜味,她的幸福感来自于她的懵懂无知。她像是清澈的自来水,透透彻彻,让你一目了然,看到她的全部。我认为这是一种人生的缺憾。

有一种女人像湖水，有风的时候，荡漾微波，有雨的时候，泛起涟漪。她的宁静，让你平缓舒展，她的波澜，让你起伏不定，她带着你走进晨曦，她牵着你去看晚霞，她挽着你堕入绚烂，她拥着你驶向湖心。

我喜欢像河般的女人。你明明知道她是河，她却源远流长，你不知道她源自何处，来自何方。她潺潺地流过峡谷，流经平地；看过大自然万般妩媚的靓丽风情，也看过风起云涌的险恶景致；不论外界风景是好是坏，她都静静地、不停地流淌。

你清清楚楚知道她是河，但是这条河，并不是清澈见底。她水色微浊，你看不到水中有什么，也许有水藻、有珊瑚；也许有峋嶙石头或嗜人鳄鱼。你和她谈风说浪，她懂，因为她曾被狂风掀起滔天巨浪；你和她谈港湾的宁静，她亦懂，因为她曾享受过风平浪静的恬然。

这样的女性很有魅力，因为她有过沧桑。沧桑是一种美，是饱经世故的成熟。（任虹）

> 品位是一种婉约而持久的美丽,抽象而又无处不在,像春天里无法拒绝四溢的植物气息,像秋天里难以抗拒诱惑的成熟果实。

品位女人,刻骨铭心

女人的美丽有的是因为五官,有的是因为曲线,有的是因为真实。但我认为还有一种不能忽视的美丽,那就是品位。

品位是一种婉约而持久的美丽,抽象而又无处不在,像春天里无法拒绝四溢的植物气息,像秋天里难以抗拒诱惑的成熟果实。

品位是什么?品位是个性的自然流露,如同一阵清新的风,它的本质是"真"。有品位的女人,能真实地表现自己的感受、自己的思想、自己的好恶,不伪装,不造作。在瞬息万变的现代生活中，还能不断地修正自己、完善自己，使自己的存在进入更高的境界。

有品位的女人，一举手、一投足，都有内容可循。她的言笑关联着她的精神核心，不像品位索然或味同嚼蜡的女人，纵使夸张的言笑，也掩盖不住空洞乏味的事实。

有品位的女人，总是立足于自己，致力于实现自己。她不会羡慕别人的荣华富贵，迎合别人的口味需要，也不会依赖别人，更不会怨天尤人、自暴自弃，决不会尔虞我诈、损人利己。她不喜欢张扬、强人所难，更不为条条框框束缚自己。

她喜欢与人为善，以诚待人，认真做事，以自身的力量证明生命的价值，按自己的思想方式去生活，拒绝一切无聊和粗俗的侵蚀。

有品位的女人，永远不会大大咧咧、风风火火，凡事有度。矜持，永远是她的最高品位。她懂得"万绿丛中一点红，动人春色不须多"的规则。品位正是女人的娴静之味，淑然之气，暗香浮动轻袭人的幽雅。

有品位的女人，就像一片云，神秘飘逸，令人心驰神往，美丽了别人的眼睛，也牵引了别人的灵魂。

妙语女人

有品位的女人,不会因为年龄的增长而放弃对爱情的抉择,更不会为完成婚姻而去敷衍感情。她不宣扬什么,也不想标新立异,只想在缤纷红尘中保持一份闲适的淡泊和可贵的清高。美丽在她眼里不是一份有价的资本,而是源自心灵的感悟。

有品位的女人,始终坚定地把持着女人的自尊自爱,她不需要男人用眼睛去看,而是需要用心灵去体会,用男性的坦荡和伟岸去触及。

有品位的女人,心灵总是静静地舒展着,她渴求的是执着、坚实的感情、默契、深刻的交流。她对爱至真的追求和无悔的守候,可以与任何轰轰烈烈的爱情媲美。这份清雅中饱含凝重的美丽,恰似一湾恬静怡人的秋水,静静地、任性地按自己的方式向前流去……

品位的形象是美,有品位的女人,在人们心目中的形象不能不是美的。她不用说话,她的存在就能惊醒所有人的感觉。

漂亮女人会随着岁月的增长而黯然失色,可有品位的女人是可以保值的,她的品位不会随着时光而消逝,你随时能看见其中不褪色的光彩闪烁于尘世空气中。

有人说张爱玲是民国世界的临水照花人,说的就是她特殊女人的特别状态——孤傲、敏感、卓尔不群。而"娴静时如姣花照水"的林黛玉,在世态炎凉中苦苦挣扎出"冷月葬花魂"的惊世骇俗,其独有的品位,就是她出淤泥而不染的真实个性,深深打动了亿万读者的心。

品位是只可意会不可言传的感觉,是让你过目不忘的风景,是使你闻得到清香又找不到香从何处来的意乱情迷,是有魅力男人眼里的伤感和陶醉、平庸男人的望而却步,是女人之间可以欣赏也可以诋毁的莫名愁绪,是诗人笔下的一种美韵风雅,也是需要你用智慧来品尝的一杯法国红葡萄酒。

有品位的女人,就是这样的令人心情舒畅,刻骨铭心,回味无穷……(佚名)

男人累了，就想着温柔；男人痛了，就想着安慰。于是就有了搔首弄姿，就有了羽衣霓裳，脆弱的心就在这温柔之乡里沉沦，沉沦。

如伞女人，睿智宽容

女人的柔弱露在外表，男人的柔弱藏在心里。

女人是男人的港湾。男人在外面疲了、倦了、受伤了，都会回到这个港湾来接受女人的医治、爱抚，然后又重新出发。

准确地说，好女人是一把伞，遮住了男人的柔弱。

相书中说，有三种特征的男人常常有柔弱的本性。一是头发软如绵；二是泪囊鼓如袋；三是掌纹密如麻。

所谓头发软如绵，是说男人的头发本应该顶天立地，根根上扬，如果柔弱如丝、软绵无骨，那就丧失了男人的特性，形同女人。

人的泪囊里面有泪腺,泪囊壮鼓,泪腺也就发达,眼泪就多。俗语说:"男儿有泪不轻弹。"一个常常流泪的男人,肯定就是一个柔弱的男人。

"胭脂泪,相留醉,几时重。自是人生长恨水长东。"读了这样的诗句,谁都会感受到一个柔弱的男人那颗柔弱不堪的心。终日长吁短叹,终日以泪洗面,真正是"问君能有几多愁,恰似一江春水向东流"。

掌纹最能表现人的性格。一个掌纹极端复杂的人,往往是一个性格复杂的人,往往是一个多愁善感的人,往往是一个感情丰富的人。感情丰富就会多愁善感,多愁善感就会性格多变,三者之间实实在在是紧密联系,环环相扣的。

由此我们才知道,男人的柔弱多是因为感情所致,耽于感情不能自拔,渐渐消磨意志,渐渐丧失信心,以至于一蹶不振。

《诗经》里面有一首诗叫作《氓》,写一个女子被男人抛弃的婚姻悲剧,里面有一句很让男人生气的话:"士之耽兮,犹可说也;女之耽兮,不可说也。"

它以一个女人之口,否定了天下男人的真情。

妙语女人

我们不说"秋夜梧桐雨"的唐明皇,也不说"不爱江山爱美人"的陈叔宝,更不必说"冲天一怒为红颜"的吴三桂,单是陆游的一曲《钗头凤》,就能唱断天下女人的心肠。男人,实是多情。

花前月下,耳鬓厮磨,甜言蜜语,举案齐眉,历史上每一个因为女人而误国的故事中,都有一段缠绵悱恻的爱情,都有一个多情柔弱的男人。

男人累了,就想着温柔;男人痛了,就想着安慰。于是就有了搔首弄姿,就有了羽衣霓裳,脆弱的心就在这温柔之乡里沉沦,沉沦。

只有把男人当作自己孩子一样去呵护溺爱的女人,只有把男人当作自己靠山的女人,才会给男人以适量的温柔,才会恰如其分地拿去男人的柔弱。在他充分休养生息后,轻轻扶他一把,送他启程。让自己灿烂的微笑变成一把伞,飘在男人的头顶,让他看得到、摸得着,时刻感受那一片浓荫、那一缕柔情。 (汪红光)

如玉的女子,天生应该停伫于万丈红尘之外。红尘内的世界一日千里、天翻地覆,她也仍在红尘外淡定地烹茶抚琴、听风观月,不随时间的流逝而老去。

如玉女人,不染风尘

　　如玉的女子是世间极品,可以揣想,可以惦念,可以与之相交,却常在不经意间与之擦肩而过。只因为她本身如玉,而相玉、识玉却需要人间难得的慧眼。

　　如玉的女子纤纤弱质中常有凛然风骨,温柔婉约中会有坚定的拒绝。一路行来,是玉壶冰心,虽历尽世事,却仍不染风尘,清亮如水。

　　如玉的女子,有玉一般的温润轻灵,也如玉一样冷清寂寞。

妙语女人

春夏秋冬的轮回无法在她的脸上留下痕迹,即使风雨侵袭,她回眸一笑,仍是从前的月白风清。想象中,佩玉的女子是应该是与品茗、丝弦为伴的。和着清风,一盏香茗,袅袅茶香中轻抚琴弦,朱唇撒落的是一地的碎玉清响。

如玉的女子,天生应该停伫于万丈红尘之外。红尘内的世界一日千里、天翻地覆,她也仍在红尘外淡定地烹茶抚琴、听风观月,不随时间的流逝而老去。

如玉的女子,总有一缕柔弱的韵味,清风扬起处水袖翻飞,便见细致莹白的纤臂上的翡翠镯子,莹莹的、剔透的白,里面凉沁沁的翠绿色在舒缓地荡开。

如玉的女子,总有诉不尽的柔婉,亭亭的伫立,那一脉脉、一丝丝的古典风情,便如水波一般,缓缓地浸润着这个钢筋水泥铸就的世界。

如玉的女子,玉般的温润莹洁、含蓄细致。静静栖于一处,不事张扬,蕴含极深处的世事沧桑也难以改变她的雅致。所以,如玉的女子是高雅的,也是孤独的。

如玉的女子,并不一定要美丽,但必是优雅的。优雅是一种与生俱来的媚，而玉就是为这个"媚"添加妖娆的。

所以，如玉的女子不一定十分温柔，但必有柔媚的一面，不过她不会轻易示人，在不懂玉的人面前，玉仅仅就是一块石头。

如玉的女子不一定十分可爱，却有九分的通透，你若是真的读懂她，你会不忍离开。

玉是和女人最相通的一种物质。玉的细腻，似女子的心细如发；玉的剔透，如女子的冰雪聪明；玉的坚硬，像女子坚强执着的品格；玉的温润，是女子的似水柔情；玉的易碎，宛若女子的敏感神经；玉的含蓄内敛，是女人纯和平静的微笑。

乡村的女子是不经雕琢的璞玉，质朴单纯，没有功利的熏染，虽未成形，却也难得地铅华不染。

职场中的女子是翡翠、是硬玉，既有着内敛的温润，也有着坚韧的个性。

待字闺中的女子是白玉，纯洁透明，温润洁白，褪去了青涩，有了依稀可见的风韵，虽然还没有成熟，却也是楚楚动人。

嫁为人妇的女子是美玉，成熟妩媚，精心打磨，成就了各式各样的款式，明媚可人，风情万种。

妙语女人

玉要戴才活,女人要呵护才有灵气;玉无须镶嵌可佩,女人摒弃浮华方可出尘。

真玉不可能不含任何杂质,玉的杂质是天地造化的精粹,那似有似无的瑕疵反而衬托出玉的高洁;好女人自然也有缺点,但那缺点应无伤好女人的大雅。

红尘万丈,好女人应气定神闲,即使自污浊中站起,依旧洁身不染,诸邪不侵。

一块温玉,在与肌肤的日夜相随相亲中,渐渐变得更加细致更加柔润。

一个温柔的男人,也会在与如玉的女子长期交往后,渐渐被她不事张扬的内敛风骨浸润、折服。(篱落疏疏)

女人本身就是酒,不饮自醉;因此举杯的女人其实是举着自己,自然雍容大度,温文尔雅。

如酒女人,勾兑美丽

酒气微醺中,流溢在杯盏之间的女人香,或忧伤,或矜持,这一切都只能归之于酒的魔力,倾注在杯中的酒精、淋湿在心灵之上的酒精;但和女人结合,立刻变得无坚不摧、无可抵挡。

男人端起酒杯,你会想到"杯中物""三碗不过冈"、"离开拉斯维加斯";想到的是一种烈性的液体与容器间的较量。

女人端起酒杯,你想到的是碧波荡漾、曲径荷风。贾宝玉说:女人是水做的,男人是土做的。所以女人之于酒,是液态与液态的共融与沟通;所以男人之于酒,就难免不是水土相搏的你死我活。

妙语女人

喝酒的女人美在与酒的和谐，美在面对酒时的一片宁静。

喝酒时美丽着的女人绝不豪饮。"不惜千金买宝刀，雕裘换酒也堪豪"，那是女人和酒的共同灾难，是把女人喝成了男人。

女人喝酒，是让酒"陪"在自己身边：酒吧从一角斜打过来的灯影里，杯底的一湾暗红可以喝一晚上，醉了屋顶下所有的人，清醒了自己。

女人喝酒，是从吧台后面琳琅的酒中寻找自己的那一种，然后轻易再不端别的杯子。

女人喝酒，很少像男人那样大醉而归，因为她们知道自己的那种酒的烈度；举杯相向，女人一饮而尽的是她自己，又怎么会醉呢？

女人本身就是酒，不饮自醉；因此举杯的女人其实是举着自己，自然雍容大度，温文尔雅。端着酒大呼小叫、吆五喝六的女人不是投错了胎，就是她们手里举着的不是自己那一种酒；茅台举着香槟、干红举着二锅头。

女人本身就是酒，绝佳的性情和最美的颜色，离不开夺造化之神奇的妙手勾兑。一杯在手的女人，或小心翼翼，或驾轻就熟地勾兑着自己的香醇和美丽。

让曾经美丽的,永远美丽在微风般的酒香里,女人更能明白这样的道理。你可以去酒吧或者别的什么地方,看看独饮的人们:心平气和的往往都是女人;男人只在垂头丧气时才一个人跑出去喝酒。所以你得心有不甘地承认,水做的女人更接近酒的妙处,虽然世界上更多的酒是被男人糟蹋掉了。

不管是仅仅拿在手中做个样子还是如饮甘醴,酒总能勾兑出女人最美好、最动人的一面,如同泛着红宝石光泽的干红里加进晶亮的雪碧。重要的是,她们在氤氲的酒气里真的美艳绝伦。 (伊伟)

好女人是本书,而且是本无字的书,不同层次的人读起来有不同的含义:君子读来淡若水,小人读来行同色,智者读来成知交,慧者读来如品禅。

如书女人,知性内秀

古往今来,古今中外,自从有了人类,就有了男人和女人。男人总是扮演"力拔山兮气盖世"的英雄角色,但总因英雄气短而导致儿女情长。而史书上记载的女人总是在男人的背后,或成为祸国殃民的红颜祸水,或成为助纣为虐的妖冶媚娘。其实,好女人是一本无字的书,也是让人读不倦的书。

好女人不单单指容貌美丽,天生丽质,身材苗条,风情柔弱。好女人从外表看起来应该相貌清秀,学识渊博,含蓄文静,善解人意。身边有好女人相伴,虽苦亦甜,虽败犹荣。

好女人是让常人读不懂、智者读不倦的书，是君子品不透的茶，是诗人喝不够的酒，是骚客抒不尽的情。与好女人相伴，是人生最幸福的事。

一说起女人，便不能不提起中国历史上的四大美女，无论是献媚亡国的西施，还是取悦国君的貂蝉，无论是回眸一笑百媚生的杨玉环，还是远嫁塞北思念亲人的王昭君，哪一个美女都惹人怜爱，但多让人痛恨，多成为从古到今辱骂千年的角色。女人不能说是祸水，也不能说是名伶。但没有女人就没有人类，没有女人就没有今天。

我想说的是接触好女人，可以改变人的一生，领略好女人，就是参悟生命。好女人是本无字的书，有的人刚翻阅就成为知交；有的人读了一生，也未曾读懂其中的含义。

好女人是阳光，可以温暖一个冻结了生命的人之灵魂，可以化腐朽为神奇，可以化干戈为玉帛。阳光真的好巧遇，好女人真的太难寻觅。好女人绝大多数被不是好男人的人占为己有，好男儿无好妻，但好女人也往往无好归宿。

好女人是春天，那种刚刚萌芽的让人蠢蠢欲动的感受。在每个春日，在每个树木发芽、草木生长的日子，女人永远是春日的主题。春天是播种的日子,没有春天就没有收获,没有女人,便没有未来。

好女人是花朵,无论还未开放的花蕾或是已经开谢的花蕊。实际来讲,人生绽放一次就够了,不用招风惹蝶,不必招摇过市。好女人不用开花,自会有很多蜂蝶来追逐,是花朵早晚都有开放的时候。

好女人是本书,而且是本无字的书,不同层次的人读起来有不同的含义:君子读来淡若水,小人读来行同色,智者读来成知交,慧者读来如品禅。

谁都知道秀色可餐,但一旦摆在你面前,恐怕只能慢慢地读。慢慢地品味,你还能吃得下吗?

所以说女人是本无字的书,主要是看你怎样把握,怎样理解。好书到哪里都能买到,而好女人,一生也许不曾谋面,但只要相逢一次,就能留恋一生。 (奇玉)

女人如花,男人是夏雨,甘甜透彻,男人的浇灌,使她瞬息万变,丰姿绰约。没有男人的滋润,她就会日暮途穷地凋谢,夜以继日瘦骨嶙峋般变黄枯萎。

如花女人,楚楚动人

女人如花,花如女人。娇艳如花的女人,令人一见钟情,情难自禁。

女人如花,男人真正、真情、真心地感受女人,宛如进入春天的百花园,那一片百花齐放,姹紫嫣红,赤、橙、黄、绿、青、蓝、紫般争奇斗艳,千姿百态,足以令男人目不转睛,应接不暇,晕头转向,飘飘如仙,甚至老夫聊发少年狂。

男人大多都有赏花之闲情逸致,惜花之怜悯温存,护花之豪言壮语，爱花之柔情蜜意，但是真真切切地体会这花花世界的男人，又有谁能不眼花缭乱，陶醉于花间沉吟的？

男人赏花的心情，惜花的心态，护花的心境，爱花的心理，是感慨颇多耐人寻味的。不同的素养，不同的个性，不同的品格，便有不同的目睹和评价，心仪与归宿。或驻足观赏，心赏目悦；或流连忘返，心旷神怡；或情投意合，心甘情愿；或拥吻呵护，心花怒放；或倾慕爱戴，心明眼亮。

女人如花，楚楚动人，惹人怜爱；女人如花，芳香四溢，令人倾心；女人如花，花枝招展，令人爱不释手；女人如花，风韵优雅，令人兴味盎然，甘当护花使者。

女人如花，远观、近赏、俯视、凝望花般女人，男人所处角度品味不同，欣赏和爱好花的品种也不尽相同。有曲高和寡、阳春白雪型，有雅俗共赏、下里巴人型，有高山流水遇知音型，有凤求凰之琴瑟和谐型，有不是冤家不聚头型，有姜太公钓鱼愿者上钩型。

女人如花，男人爱花，百合般含苞待放，新鲜娇嫩，清香扑鼻，洁白无瑕，令男人心生敬畏，蹑手蹑脚不敢冒进；女人如花，男人爱花，牡丹般圣洁高贵，典雅姣俏，倾国倾城，庄重神圣，令男人心生仰慕，不敢轻易靠近。

女人如花，男人爱花，玫瑰般妩媚妖娆，艳丽欲滴，青翠旖旎，风情万种，令男人心旌摇荡，有些胆怯，但也考验了胆量。女人如花，男人爱花，梅花般娇艳温柔，傲然绽放，亭亭玉立，凝然于冰天雪地中，别具风味，令男人心生景仰、折服不已。

女人如花，男人爱花，莲花般纯洁无瑕，出淤泥而不染，濯清涟而不妖，不蔓不枝，令男人只可远观而不可亵玩。女人如花，稍瞬即逝，如昙花一现，想从头再来，男人不知要等待多少时日，朝思暮想身心俱焚。女人如花，缠绵悱恻，像一朵花不胜凉风，一低头的温柔与娇羞，让男人魂牵梦绕，魂不守舍。

男人只要对花意动的，就立即去摘，不要怕刺扎手、怕罚，更不要前怕狼后怕虎，要施展"明知山有虎，偏向虎山行"的勇士风范；男人只要对花心动的，就马上用独盆栽培，心动还要行动，细致培育，耐心护理，切不可篮里挑花，越挑越花，到头来竹篮打水一场空。

女人如花，男人是叶，没有你的终日陪伴、不离不弃，女人将是多么的孤单，一个人的孤单是不堪忍受的孤单。

男人不要总是花天酒地，让女人孤独寂寞，不长相守，实难相知；男人不要总是熟视无睹，让女人孤芳自赏，起舞影零乱，高歌月徘徊；男人不要总是任花开花落，让女人孤立无援，对镜理云鬓，人比黄花瘦。

女人如花，男人是春风，轻柔亲切。你的吹拂，使她朝气蓬勃，鲜艳夺目。没有你的抚慰，她就会变成随波逐流的落花，一任自己在流程中腐烂。

女人如花，男人是夏雨，甘甜透彻。男人的浇灌，使她瞬息万变，丰姿绰约。没有男人的滋润，她就会日暮途穷地凋谢，夜以继日瘦骨嶙峋般变黄枯萎。

女人如花，男人是秋霜，遒劲严肃。你的教诲，使她精神倍增，日趋丰硕。没有你的提醒，她就会花谢花飞，像散花一样香消玉殒，直至葬送花魂。

女人如花，男人是冬阳，和煦温暖。你给一点阳光，她就灿烂无比。没有你的照耀、照顾和照料，她就花容失色，萎缩佝偻甚至萎靡不振，死气沉沉。

女人如花，男人爱花，女人如空谷幽兰，气质脱俗，千万别践踏了花的温柔，让你触目惊心地痛。女人如花，男人爱花，女人如娇巧茉莉，清香柔媚，千万别摧残了花的善良，让你痛心疾首地恨。女人如花，男人爱花，女人如热辣玫瑰，奔放热烈，千万别打击了花的爱意，让你捶胸顿足痛不欲生。女人如花，男人爱花，女人如圣洁白莲，秀外慧中，千万别玷污了花的纯洁，让你悔恨交加生不如死。

男人爱花，只要懂得了花盛花开，纵有高不可攀的花枝，也会身轻如燕凭捷足先登；男人爱花，只要懂得了花败花衰，纵有枯槁耷拉的花枝，也会点木成花促繁花似锦。

在百花园中，男人将要付出百倍的呵护，千倍的关心，万倍的怜爱，亿倍的爱情，奉献无数无数的爱心和满腔热情，方能满面春风地领略花的心藏在蕊中，她在丛中笑的永不凋谢、永开不败的永恒魅力。（钟演德）

|02| 做个灵魂有香气的女人

女人味是一种品位,有品位的女人不苍白;
女人味是一股香味,有香味的女人不单调;
女人味是一种雅味,有雅味的女人不庸俗;
女人味是一股韵味,有韵味的女人不冷漠。
有女人味的女人,便是灵魂有香气的女人。

> 美丽可以与轻浮为侣,美丽可以与无知结伴,美丽可以与低贱同流,美丽可以与愚昧为伍,但气质不可以。

气质与内涵是女人一生的财富

常常见一些女子乍看惊艳无比,接触味道索然。为什么呢?就是内涵。美丽可以与轻浮为侣,美丽可以与无知结伴,美丽可以与低贱同流,美丽可以与愚昧为伍,但气质不可以。

气质综合了修养、文化、学识、谈吐、举止、内涵、素养,等等。胸无点墨无气质,修养不佳无气质,内涵不够无气质,谈吐粗俗无气质,举止无拘无气质……这些都是知识的熏陶、教养的历练和内涵的蓄积。

女人最经久的美在气质而绝非美貌,最应提升的是修养而非外表。气质不是刻意装扮所能奏效的,气质是需要沉淀的。虽然包括先天的成分,但更多的还是后天的养成。

美丽属于气质的一个重要组成部分,但美丽决不可能产生气质。我们经常觉得一个女人总是那么高贵,总是那么高洁和娴雅不俗,那就是气质而不是美貌。

女人的气质与内涵是大气、安静、从容、成熟,是一种朴素恬淡和向往、追求。它是生命里折射出的光芒,如玉石一样静默,无论雨雪风霜,青绿枯黄,总能透出内在的光辉来。这种女人就是花丛中的一朵嫣红,最后终于变成最精粹的一滴金黄色的花蜜,让你在惊叹中慢慢地回味。

岁月无情,却对有内涵的女人网开一面,那种内在的美从容淡定,不流于庸俗。一个有内涵的女人静若幽兰,芬芳四溢。这样的女人不会随着岁月的流逝渐失光泽,相反她会越发显得迷人。

内涵是女人的智慧之根,有内涵的女人当被岁月剥蚀后,显露出的常识、修养、人生观才是与众不同的吸引人的内涵,也是女人美丽常在的秘诀。

优雅的女人像茶,品尝过后是令人回味无穷的芬芳四溢。优雅是一种内在的气质，优雅是一种风度，也是一个人独特的风格，更是一种对待生活的态度。它是不经意间一种淡定的深思，蓦然间一个善意的眼神，回首时一脸浅酌的笑容。

女人的优雅是一种由内而外散发的迷人味道，举手投足间显露着成熟女人曼妙的气息。一个优雅的女人心静如水，弹指间尽是芳华，这是岁月的磨砺孕育出的由内及外的气质。

优雅的女人有一点含蓄，安静得如同处子，回环往复的是一颗优雅的心。岁月可以让一些女人的美丽消失，也可以让一些女人变得更美。优雅别致的女人像一幅难以描摹的画，她有的是一种独特的气质和风度。

气质超凡脱俗的女人，就像清爽的海风、热带雨林或雷雨过后的空气般清新透明，不复杂并具有内在价值，从不做作，若有若无，从不随波逐流，从不恣意等待，并且散发着轻微的香味。她们的气质会让人深深陶醉。漂亮的女人如同一道美丽的风景，值得人们去欣赏。有气质的女人如同一幅写意画，耐人寻味。既漂亮又有气质的女人，才值得人们去品味。

气质来源于内心，是美丽的核心内容，是女人征服一切的利刃，它比美容、化妆、衣饰更重要，它可以打破时间、空间外部因素的限制，给人带来永久的风采，使女人魅力长存。

做个灵魂有香气的女人

漂亮的女人固然令人倾倒,而智慧的女人却让人心生钦佩。一个智慧的女人,无论身处何种境地,都能处变不惊;而一个没有头脑的女人,即使再漂亮也不会是一个高雅的女人。

一个只知穿衣打扮的女子,她生活的内涵是空虚的,她人生的底蕴是单薄的,只有再加上"智慧"二字,才能把一个优秀的现代女性做得到位,做得出彩。

才华横溢的女人,是女人中的佼佼者,一个有才华的女人,必定是一个心灵充满智慧的女人。她情感更细腻,举止更优雅,气质更深沉,女人有才华才会有魅力。

有才华的女人能够无视年龄对自己容貌的侵蚀,即使鬓发斑白,旁人仍能感觉到她散发的魅力。她的魅力在于淳朴,清水出芙蓉,天然去雕饰。在瞬息万变的现代社会中,她会用自己的才华出现在变化的前沿,告诉众人她是一个时尚的、内心浪漫、强调个性,淡泊明志,尊重别人,爱惜自己的优秀女人。

腹有诗书气自华,浑身洋溢着书卷气的女人,总会显得与众不同,她们的气质和修养因读书而上升到一种令人陶醉的程度。即使她们不施粉黛,也显得优雅高贵,气度非凡。

这样的女人懂得生活的真谛,深知生命的价值,明了人生的哲理，她以一种淡静平和的心态走过生命的历程，留下醉人的芳香。

女人喜欢读书，就等于把生活中平常的时光转化成了巨大的享受；读书带来思索，可以明志，可以宽己，因此有魅力的女人时刻不会忘记坐拥书城铸内秀。内秀的女人才能每临大事有静气，活出别人无法企及的多彩人生。

女人的恢宏气度可以征服世界。心胸狭窄、遇事情绪化的女人，常常令人生厌，相反，拥有恢宏的气度、大气宽厚的女人能给人一种纯净、典雅的美感，那是一种让人动心的修养，这样的女人更能获得信赖，得到成功。

女人的内涵就是暗香，内涵丰富的女人，举止谈吐，一投足一举手之间都那么含蓄、深沉、温柔、善良，给人一种亲切、安慰、怡人的愉悦和韵味。

做一个知性女人，那是一种涵养、一种学识、一种花样魅力的象征，由内而外散发出来。时间在她身上只是弹了一个巧妙而圆润的跳音，让她出落得更加可爱。知性美在于热爱，热爱生活，热爱世界，犹如一棵草绿了大地，一滴水润了嫩芽。这种美丽还在于恬静，不为外界的诱惑所动，任风生水起，依然和煦淡远。一身诗意千寻瀑,万古人间四月天。

女人的一生就是追逐美的过程,女人如花的容颜,轻盈似水的体态,温柔妩媚的笑容,冰雪聪明的玲珑心,温婉娴雅的性情,润泽天地万物的母亲情怀,无一不在烘托着女人美丽的特性,无一不在诠释着美丽的丰富内涵。女人是为美而生的,追逐美应该是女人一生都不能懈怠的追求。

人生是没有后退的生命之旅,面对神圣和有限的生命,女人更要珍惜和善待生命,寻找属于自己幸福的人生。女人要静静地思考生活,细细地品味生活,在淡然豁达中享受生活,让自己的生命活得精致而有意义。

与浩渺的世界比较,人的生命显得如此短暂,如此脆弱,甚至仅仅在呼吸的瞬间,那么,我们还有什么理由不善待自己呢? (佚名)

> 优雅是一种感觉,这感觉更多的来源于丰富的内心,智慧、博爱,还有理性与感性的完美结合。

优雅的女人是一棵有 101 种风景的树

没有哪个女人不想成为优雅的女人,而许多人又常苦于找不到优雅的秘诀,或抱怨缺乏应有的条件而信心不足。优雅,真那么难吗?

其实,做优雅女人并不难,不需要很高的条件,秘诀是从身边的小处做起。没有过度的装饰,也不流于简单随便,坚持独立与自信、热情与上进。

优雅是一种感觉,这感觉更多的来源于丰富的内心,智慧、博爱,还有理性与感性的完美结合。

做个灵魂有香气的女人

一个容貌美丽的女人未必优雅,而优雅的女人一定"美丽",因为她的知识和智慧让你信任,她的细腻与关爱让你依赖。而这智慧、细腻、关爱,你会从她充满迷人女人韵味的举手投足、一颦一笑间体味。

优雅还包括一个女性对美独到的见解和追求。倘若整日衣冠不整,不修边幅,无论怎样也是同优雅联系不上的。

所以优雅的女人,她的着装永远都是不张扬而富有格调,那感觉就像静静地聆听苏格兰风笛,清清远远而又沁人心脾。

优雅女人的气质像竹,亭亭玉立高贵脱俗,即使是身着一袭布衣,你也会从简单朴质的外表下捕捉到这种不凡的感觉。优雅的女人要有充实的内涵和丰富的文化底蕴,这是除了外表之外的境界。

优雅的女人又是懂得爱的女人,她爱自己、爱老人、爱孩子、爱朋友、爱同事、爱工作,更知道如何去爱生活。她明白男人需要爱,有时是理解,有时是关怀,有时是温柔,有时是刁蛮,有时是平淡,有时是火的热烈,有时是水的柔情。

优雅的女人,情感是细腻丰富且理智的。当然,优雅的女人还应当有情趣,她会偶尔地恶作剧,会采来山野的小花装饰生活,会在情人节的日子给爱她、她爱的人一份惊喜,会自己读书打发一个音乐与茶的下午。

如果说女人似水,那么优雅的女人就可以水滴石穿,用智慧获得爱与尊严。

外在的美随风易逝,肤浅也耐不起寻味,而优雅的女人用丰富的内心世界和对生活的智慧,让自己永远是一棵有 101 种风景的花树。 (灵希)

美，是灵魂深处创造出来的，对美的感悟和评价来自于自己的内心。女人为美，是出于一种本能，学会在不同阶段发挥女人的本色。

有修养的女人，美到灵魂深处

女人活得很简单，女人活得也最麻烦。

说简单，因为对绝大多数女人而言，幸福的全部含义就在于寻找一个好丈夫，丈夫是女人依靠的家庭，也是女人毕生的事业。真心实意地热烈向往婚姻的，最终总是女人。

所以，张爱玲才会说，"求婚是男人给予女人的最隆重的赞美"。好的婚姻是一桩划算的保险，一劳永逸。

说麻烦，女人从头到脚都麻烦，最大的天性是穿着打扮。常情不自禁地比一比谁的衣服昂贵，谁的容颜最美，谁的老公最有钱……女人，装扮了这个世界。

做淑女很难,要有与生俱来的美好淑德,要有独立良好的心理、大方自然的交际能力和较好的谈吐、修养、气质、服饰。要容貌端庄、谈吐文雅,进退有度、不温不火。读些诗书,不必精通;通些文墨,不用娴熟。看似娇柔,内心坚毅勇敢,当生活中风雨兼程时,不会花容失色忘却主张。

而商海中的女人,礼仪方面的表现更是直接决定了前途能铺垫到的基础。虽然,在美的外形下,也有缺憾的存在,完美是永远可望而不可即的彼岸,可以去追求,但是不要一味地想让它变成现实。

完美,是没有尺度的,女人都希望自己非常完美,然而到底是为什么而美,却是值得我们每一个女人思索的。

何为美?何以美?"我"是主观派的掌门人,时时刻刻的思考让"我"常处于矛盾中:积极的我与消极的我,乐观的我与悲观的我,自信的我与自卑的我,外向的我与内向的我,活泼的我与沉闷的我,诚恳的我与虚伪的我,大方的我与小气的我,精明的我与糊涂的我,开朗的我与抑郁的我……无数个真实的自我在我的身体里冲撞着,变换体现出一个血肉纷呈的我,欲罢不能。

可见,美,是灵魂深处创造出来的,对美的感悟和评价来自于自己的内心。女人为美,是出于一种本能,学会在不同阶段发挥女人本色。

淑女是淡泊名利的，青春、本色、自然、率直、美好的，有着"清水出芙蓉，天然去雕饰"的自然美。不要太多的人工装饰，不要太多的神奇玄虚。而是善于倾听，有见地地面对生活。骄而不娇，在平常生活中保持心灵高贵的女子，能令身边所有人因此感染健康和快乐。

社交礼仪一定要得体，一定要清楚自己的优势，再把自己的劣势巧妙地隐藏、淡化，把自己最有亮点的地方大大方方地展现出来。要想美丽，必须要了解自己。生活是靠自己创造的，个人的精彩也是要靠自己发掘。

人与人相处，去除华丽的包装，甜蜜的辞藻之后，能和血肉相搏的只是心灵能量旗鼓相当的人，才能撞击出"等量齐观"的人生视野。也唯有这种心灵契合的相处方式，彼此才能在日常生活的对待中，言之有物，食之有味，双双得意尽欢。

女人善变，时而温柔多情，时而妩媚多姿，时而热情豪放，世界因女人而更加美丽。

温柔多情的女人心是透明的，是丈夫的避风港，是儿女的心灵园，是父母的寄托，是朋友的知己。她们微笑着把爱心分给身边的每一个人。

妩媚多姿的女人雍容典雅、楚楚动人，有着丰富的内涵、不俗的谈吐、渊博的学识，一举手、一投足，一颦一笑都恰到好处。始终洋溢着灿烂的笑，散发着迷人的光彩，让人忍不住去欣赏、去领略她们迷人的风采。

热情豪放的女人能容下时间的一切。她们的热情令人感动，令人难忘，她们的雷厉风行、号召力强，她们的豪放会深深感染你，令你心情愉悦、忘却烦恼。温柔与豪放、热情与妩媚，使性格更加丰满。

女人娇痴，可是一个不痴狂、不幻想、不幼稚的女人，一个经过岁月过滤后的成熟女人应该能主宰着男人和女人自己的生活；经过尘世冶炼后的超脱，应该可以游刃有余地纵横属于爱的世界。

对女人来说，爱情好像是纵向排列的风景，一种年龄，一种景致。成长的过程，就是体会和玩味这种错落有致的变迁的过程。

女人的内心深处有一种迷迷蒙蒙的渴望和向往：两情相悦，两心相许，这是女人最圆满的憩息和归依。情爱是女人共通的世界。几乎所有的女人都在劫难逃，还津津乐道、乐此不疲。为之怨，为之忧，为之怒，为之喜极而泣。

做个灵魂有香气的女人

女人是水做的,所以女人才清纯、精细、委委婉婉、柔情似水;女人还有种特别的得意、特别的洒脱,几许柔情、几许温软、几许明净。

女人是天生尤物,是种对爱情格外敏感的动物,女人血液里的每一个细胞都在叫着:给我更多更多的爱!女人的眼泪特别的多,很喜欢顾影自怜:爱哭、爱笑,比男人生得更柔弱、更细腻。

女人有权心疼自己,就与生俱来的天性而言,女人更情愿做个幸福的软骨头,是小鸟依人的宠物:为人妻、为人母,用自己的翅膀营造了一个最温馨的家园。轻轻地溶了阳刚硬汉,溶了世界的棱棱角角。世界因为有了女人,才曲直相间,和谐流畅。天地造化,生了多少温柔美丽的故事!

女人,妆要淡妆,话要少讲,笑要可掬,爱要执着。凡事有度,凭一举一动一言一行之优势,尽显至善至美。女人的精致——由内到外,就算先天不漂亮,后天还是可修来傲人气质,这是神韵。

只要拒绝平庸、呆板和粗线条,伴着迷人眼神的嫣然巧笑、吐气如兰,细腻的情感、纯真的神情,会令女人溢出醉人的娴静之味、淑然之气,置身其中,暗香浮动。拥一份从容、自信,执一份淡泊、清明，掬一腔似水柔情的女子就一定是个精致的女人。

女人可以赋予自己很多种不同内涵的角色：做恋人，巧笑倩兮，美目盼兮；做妻子，有娇妻情怀，退可下厨房，进可入厅堂，可攻可守，运筹帷幄在分寸之间。

独立、自信、有责任感、内外和谐，才能成为淑女。缺乏文化的美，是没有生命力的，流传与发展更无从谈起。不同年龄的女性追求美的准则是不同的。当年龄越长，就越要讲究自身一种美的格调。拥有与众不同的韵味，是内涵的展现，才能洗练出一种超然脱俗的优雅。

其实，女人的风情与生俱来。展露风情需要天赋，风情是自然流露，修养和天性是生活质量的两方面，天性和悟性一样重要。悟性来自于修养，需要学识、修炼人格和文化，将女人风情的本质有板有眼，敛放得当地张扬，由此更加风姿绰约。

时间和精力成为女人骄傲的资本，那份温柔和从容，把美丽炼成自信，把年龄化为宽容，把时间凝成温柔，把经历写得深厚。就这样把女人魅力发挥到极致。（佚名）

生命本是一场花开的过程,是心灵相约的驿站。只有处在宁静中,才能听到花开的声音,感触心灵深处的呼唤;才能看清尘世里,繁华过后成萧条的残境。

愿你的心中开着一朵淡淡的花

淡,是开在心中的一朵宁静小花。它温婉了岁月,清浅了时光。它让女人享受宁静,用一颗安定祥和的心,看时光葱茏里的繁华与落败。它让女人面对岁月的沧桑,把一切都看淡。

淡淡的女人懂得,既然不能改变,不妨试着接受,于是她看庭前花开花落,宠辱不惊。

淡然,是人生的最高境界,是对人生的态度,是一种美德、一种涵养、一种风度、一种勇敢、一种力量、一种原则。

"淡"的心境来自于心灵深处，不与群芳争姝丽，淡若清风。

淡是一种生活态度，有的人要过浓浓的生活，有的人要过平淡的生活；有的人总在荣华富贵里找自己的幸福安乐，有的人虽然茅屋三椽、松竹数株，从平淡中也能找到自己生命的安住处。

试想，仰卧在大自然的摇篮里，枕着岁月的臂弯，依着时光的轻柔，心漫步在淡淡的微风里，把过往凝聚成一朵花的淡雅，好比空谷幽兰的静美。

淡淡的女子即便是身处闹市，也会显得卓尔不群，就像是在幽静之处盛开的花朵，不争艳，不羡慕繁华，而是守着自己的一片净土，韵染天地大自然的灵气。

淡淡的女子选择静静地盛开，不带一丝张扬，散发着若有若无的淡香，让人心生怜爱和敬仰。

淡淡的女人，被一种从容、柔和的气质包围。她对生活宽容而不苛求，保持着自己内心的宁静和有条不紊。

淡淡的女人选择简单地活着，她率直、坦荡，懂得享受生命的乐趣。滚滚红尘中，淡然的女人拒绝练就那种江湖油滑。

做个灵魂有香气的女人

她会在世事的牵累和忙碌中,偷出半点余闲,装饰自己、美化生活,用自己淡然的心境去呵护生命,呈现出的是端庄的气度、深厚的内涵。

淡淡的女人知道,爱恨情仇,恩怨得失,虽无法忘记,但可以把沧桑隐藏在心底,让一切慢慢沉淀在记忆里。

淡淡的女人像秋叶般静美,淡淡地来,淡淡地去,淡淡地相处,令人感到宁静,给人以淡淡的欲望,活得简单而有味道。

生命本是一场花开的过程,是心灵相约的驿站。只有处在宁静中,才能听到花开的声音,感触心灵深处的呼唤;才能看清尘世里,繁华过后成萧条的残境。

面对浮萍,淡然的女子早已习惯了独自承受孤寂,看时光蹉跎在流年里悄无声息。

淡然的女子明白,生活赐予人们应有的幸福,同时带来许多遗憾和不足。所以,不必抱怨,不必自卑,看淡便是晴天。与其抱怨,不如改变对人生的态度,加强自我世界观的改造。

换个角度思考,可以看到事物的另一面。以冷静的态度来看待问题,也许会看到意想不到的风景,有了"柳暗花明又一村"的遇见。

淡然，遇事波澜不惊，才会看清波诡云谲的多变。

用淡然的心态看待红尘万物，用心灵感受生活中的每一个细节。让阳光的明媚冲淡心底的忧虑，携一抹淡淡的兰香，静观红尘过往。嫣然一笑，在风轻云淡的日子里飘浅。（佚名）

一个人的生命，只有有助于他人，才能称得上是喜悦与快乐的。一个女人只有深知给予的道理，她才能有所获取，她的生命才能散发长久的馨香。

善良是美好的通行证

女人可以不漂亮，也可以不温柔，但是却绝对不可以不善良。善良是一种美德、一种天性，女人只有拥有了它，才会成为天使，一个为人间撒播爱心的天使。

有的人喜欢漂亮的女人，因为漂亮的女人使人赏心悦目，就好像是看到了一处靓丽的风景。男人如果能娶到漂亮的女人为妻，在自己内心得到满足的同时，不是也在向别人证明自己的魅力吗？

有人喜欢聪明的女人，因为聪明的女人能让人心智大开。跟聪明的女人在一起会受益匪浅，感受智慧的魅力。那是一种真正的愉悦。和聪明的女人一起工作和生活，都会感到一种轻松与默契，那岂不也是一种愉悦？

有人喜欢善良的女人，与善良的女人在一起共事，心里踏实。善良的女人有修养、正直、大度、豁达，人生境界高。俗话说："近朱者赤，近墨者黑。"与善良的女人在一起的同时净化了你自己。与善良的女人在一起，岂不是使你的内在美逐渐提升？

善良是女人最宝贵的品德。一个女人再漂亮，再有才能，再聪明，如果她有一颗邪恶的心，那她就是一个"金玉外表，败絮其内"的女人，那她最终只能成为一个坏女人。

生活中，为什么有的人长得貌美如花，却没有吸引力，而有的相貌平平，但是却魅力四射，十分迷人，赢得他人的好感？因后者具有善良的品德。善良是一种美丽。善良使女人美丽，女人因善良而更美丽。

生活中那些舍己为人、无私奉献的人，他们的所作所为无不透露着善良的品性，可爱可敬！是他们让我们的生活更美丽，令我们在遭遇到困难时得到帮助,并确信阳光不会消失,而且明天会更加灿烂!

一个人的生命,只有有助于他人,才能称得上是喜悦与快乐的。一个女人只有深知给予的道理,她才能有所获取,她的生命才能散发长久的馨香。

一颗善良的心,一种爱人的性情,是一个女人最大的财富。可见,善良是女人最宝贵的品德,女人的这种内在美,是永恒的美丽。(文锦)

女人味就是当她在一颦一笑,举手投足间无意中自然流露出来的那种勾人魂魄的韵味。

遇到有味道的女人是一种福气

女人味是一种境界,是一种情调。

女人的美貌是一幅画,是让人用眼睛看的,而女人的味道是一首诗,须让人用心去品读。大街上那些飘来飘去的时尚一族,把一头乌云秀发染成咖啡色、玫瑰色,纵然风情万种,但这不是女人味。

女人味是一缕幽幽的清香,是从芳心里溢出来的,不经意间的一举手一投足,都优雅地散发着脉脉温情。

没味的女人也许有着漂亮的脸蛋,有着魔鬼的身材,但那是衣服架子，焕发不出迷人的风采。她们把时尚的快乐写在脸上，穿着吊带装、露脐装，写意夏天，即使在飞雪的冬日也把自己美丽的腿肚冻在外面，是流淌在都市的一道风景。

她们在繁华的街头旁若无人地对着手机嚷着"你真坏"，全然没有温良恭俭让。她们咯咯的笑声四处挥洒，也挥洒着二流品牌的香水味，熏得男士们头重脚轻。追逐时尚的女人如果肚里空空、东施效颦，便俗不可耐。这是另类的尖叫，不是女人味。

女人味是一瓣心香，是"蹴罢秋千，起来慵整纤纤手"的淑玩，是"惊起鸥鹭、误入藕香"的雅兴，是"清泉石上流"的空灵，是"海上生明月"的疏韵。

有味的女人是幸福的。她不乏追求但懂得满足，她优雅浪漫但不事张扬，她内心充满了幸福的感觉，因而从不抱怨生活，没有欲望失落的苦痛。

她的爱是倦鸟投林的甜蜜小巢，是水手归岸的温馨港湾。她不一定有很多财富，但从不吝惜爱心，给父母的一瓶酒、一盒蛋糕、一声问候，都是她幸福的资本，给朋友的一点资助、一丝关爱、一句祝福，都是她快乐的源泉。

有味道的女人是精致的。她淡雅不失妩媚，描眉涂红，掬发饰物，但美而不艳、楚楚动人。她的每一件衣物都是经过精心挑选的，一件大衣、一条围巾、一把阳伞，都倾注了她的心思，她的涵养，她的品味。甚至一双丝袜、一枚胸针，都透露着别致的韵味。

有味道的女人享受物质，但不被物质所奴役，她更乐于享受精神，乐于与高尚的人物交谈，乐于读一本好书、听一首好歌，乐于在月夜的树影婆娑里静享天籁，乐于到郊外去踏青放飞自己的心情。她的一切行动无不超然物外，淡泊恬静。

女人味就是当她在一颦一笑，举手投足间无意中自然流露出来的那种勾人魂魄的韵味。

女人味是一种境界，是一种情调，是一种优雅的生活态度。有女人味道的女人是不多的，能找到一个有味道的女人是一种福气，她会让人花费一生的精力去品读和思考。（剑豪）

活得漂亮，就是活出一种精神、一种品位、一份至真至性的精彩。一个人只要不自弃，相信没有谁可以阻碍你进步。

长得漂亮不如活得漂亮

在感情方面，女人再优秀也会有被抛弃的可能，永远不要相信什么"他不要我，只是我不够好"这样的蠢话。事情往往是，你再好也没有用，甚至问题的症结很可能就是你太好了，让男人产生了压力。他觉得与你在一起不能彰显他的强大，他感到了深深的疲惫，渴望挣脱你的阴影。

永远不要相信"坚贞"这个词是用铁打的。很多时候，之所以坚贞，仅仅是因为诱惑的力量不够大。

古时女人被休，如果写不来像卓文君那样"闻君有两意，故来相决绝"的诗句,去打动郎君的铁石心肠,就只能悲戚戚哭回娘家。但现在,弃妇本身已没有那么严重的悲剧意义。

做弃妇不可怕,可怕的是被抛弃后一蹶不振、终生潦倒。弃妇所要做的就是应该不动声色、继续生活。没了你,我亦能爱上别人。越来越觉得,这样的女人很争气,绝不将个人哀怨放到桌面上,即使向隅低泣,也不做祥林嫂。

爱情之所以是美丽的,正是因为它是自由选择的,这句话不无道理。一个人爱谁、不爱谁是自由选择的。而选择爱情还是选择物质,又何尝不应该是一个人的自由呢?

一个女人可以生得不漂亮,但是一定要活得漂亮。无论什么时候,渊博的知识、良好的修养、文明的举止、优雅的谈吐、博大的胸怀,以及一颗充满爱的心灵,一定可以让一个人活得足够漂亮,哪怕你本身长得并不漂亮。

活得漂亮,就是活出一种精神、一种品位、一份至真至性的精彩。一个人只要不自弃,相信没有谁可以阻碍你进步。 (漂泊)

一个女人要获得幸福,就必须既不太聪明,也不太傻。这种介于聪明和傻之间的状态叫作生活的智慧。

智慧之于女人,是情感的丰盈与独立

智慧的女人不是说出来的,是做出来的。女人可以没有美丽的外表,但必须要有睿智的头脑。

智慧的女人首先要学会独立。独立会使女人具有独特的魅力,只有生活独立了,人格才会独立。

独立的女人犹如浮出湖面亭亭玉立的莲花,皎洁而不失高雅,自信而不觉轻狂。只可远观不可近玩焉。

智慧的女人要开朗乐观。乐观是一种积极的生活心态。面对生活的平淡琐烦,女人要学会自我安慰,可以没有华丽的语言,但要有开朗的性格,开朗能使人的心境变得透明,乐观能将乌云化为乌有。

乐观开朗的女人是美丽的、动人的,乐观开朗的女人自然会有很多的好朋友,因为大家从你这里可以获取珍贵的快乐。

乐观的女人不会去想太多的事,任何事情都有解决的办法,想并不能解决问题,一切都会随着地球的自转过去的。该来的挡也挡不住,只要有一颗面对现实的心即可。

智慧的女人要学会温柔。温柔是女人的特性,上帝将温柔赐给我们,为什么不好好去珍惜?温柔的女人是智慧的,温柔不代表懦弱。

温柔的女人是楚楚动人的,没有人希望自己摘到的玫瑰是带刺的;温柔的女人是体贴大方的,柔情是静待绽放的花蕾,饱含热情而又婉转含羞。

智慧的女人要懂得理财。理财是生活的金钥匙,智慧的女人也许没有赚那么多的钱,但懂得怎么用钱赚钱,懂得如何去运用智慧体验生活。

理财是一种时尚,学会理财,女人也将变得更聪明。

智慧的女人要热爱读书。读诗使人聪慧，读史使人明智。女人可以没什么特别的爱好，但要培养读书的习惯，书中自有人生的大智慧。

热爱读书的女人会有独特的气质，言谈举止中散发淡淡的清香。

智慧的女人要摆脱世俗的叽叽喳喳。喜欢议论是非的女人可谓是小女人，智慧的女人从不谈论别人的好坏，做好自己的事最重要，别人的对错自有心中的天平来衡量，何必非要明显地给人家打上评判的烙印，无心的对话可能会成为永恒的伤疤。

智慧的女人要豁达宽容。一只脚不小心踩到了紫罗兰，它却将香味留在了脚上，这就是宽容。

宽容不是要去折服，面对生活中太多的无意或有意，学会去宽容、包涵。每个人都不希望自己去犯错误，人天生也不是愿意去伤害别人，只不过处理问题的方式不同。

智慧的女人，不要去斤斤计较，力的作用是相互的，你宽容了、豁达了，同样会将这种超能力给对方。他也会随之改变。你没有失去什么，你得到了更多的尊重与羡慕。

智慧的女人要学会装糊涂。聪明一世，糊涂一时。有些事情不一定非要有答案，聪明的女人不要去刨根问底，不去揭别人的伤疤。不该知道的事知道了也装作不知。聪明的糊涂是难得的，应该的。

　　一个女人要获得幸福，就必须既不太聪明，也不太傻。这种介于聪明和傻之间的状态叫作生活的智慧。

　　智慧的女人不是浮雕艳丽的花瓶，而是花瓶中令人心旷神怡的万年青。（佚名）

气质是女人魅力的源泉,就如同山上有了水就会立刻显现出灵气一样,一个女人只要插上了气质的翅膀,就会立刻神采飞扬、明眸顾盼、楚楚动人起来。

气质是女人永恒的化妆品

女人可以凭借自己漂亮的容貌吸引人们的眼球,赢得极高的回头率,但真正能让人们为之倾倒的,却是女人那蕴含如诗的美丽气质!

天赋的容颜是一道最容易消逝的风景,无情的岁月在夺走女人那面如桃花的容貌的同时,也会在那张曾经漂亮的脸上烙印下岁月的痕迹,而存留下来的正是生命中最本质的内容——气质!

气质是女人魅力的源泉,就如同山上有了水就会立刻显现出灵气一样,一个女人只要插上了气质的翅膀,就会立刻神采飞扬、明眸顾盼、楚楚动人起来。

靳羽西女士曾经说过："气质与修养不是名人专利，它是属于每一个人的。气质与修养也不是和金钱、权势联系在一起的，无论你从事何种职业、任何年龄，哪怕你是这个社会中最普通的一员，你也可以拥有你独特的气质与修养。"

所以，气质对于每一个女人来讲都是公平的，每一个女人都能够得到气质精灵的宠爱，每一个女人都有机会展现自己独特的气质魅力。

女人的气质犹如花之魂、水之韵、松之魄，无影无形，很难用言语形容。诗人徐志摩曾被一日本女人的温柔气质所感动，写下了"最是那一低头的温柔，像一朵水莲花不胜凉风的娇羞……"这"一低头的温柔"不但令伟大的诗人倾倒不已，更穿透时光，至今仍令人深深陶醉。（聂小丹）

温柔像雾,它给女人平添一份朦胧与浪漫;温柔如风,它能拂去他人心头一切的惆怅烦忧;温柔似雨,它能滋润一切干渴的心田。

女人的媚态:羞涩与温柔

晚唐诗人崔珏曾写道:"和娇扶起睡美人……朱唇啜破绿云时,明目渐开转秋水",以浓艳的护花心境描述了美人饮茶的种种娇媚之态。这首诗更绝妙的还有两句,"手拨丝簧醉心起,不语思量梦中事",出神入化地勾勒出了女人的精神意境,不仅娇媚,还有一种独自的心情,包括她的思绪、修养。

一个女人,她还没有说话,就仿佛看到了她的惆怅。诗情画意,勾人心魄,韵味悠然而长。

女人的媚态是形体美和各种内在美的优化组合。它不仅使天生丽质的女人魅力四射,也可以让心存缺憾的女人变得百般妖娆、楚楚动人。媚态对于女人之重要,诗人比喻甚妙:"媚态之在人身,犹火之有焰,灯之有光,金银之有亮色,态之为物,特使美者愈美,且能使老者少,而丑者妍。"

媚态之形成,或许是一个笑靥,或许是一束回眸,甚至是一举手一投足,可体悟,却令人难以捉摸。

女人的羞涩与温柔,像似花丛的光艳,温润柔美;女人的优雅与泼辣,犹如流泉的神韵,静中闪动。

真正的美不是让人看出来的,而是让人感受出来的。让人看出来的外貌美,会随着时间的流失而渐渐流逝;让人感受出来的羞涩之美则会随着年轮的流转而融入他人的心灵,成为心中一道永恒的风景,经久而不褪色。

羞涩是梦中花、水中月,使女性别有一番韵味和美色。

羞涩表示了女性的稳重、不轻浮,也证明了她内心的纯洁与天真。羞涩之形成是在天机流露,它的生发全出无心,更非有意造作。

的确,在世上所有的色彩中,女性的羞涩是最美的。动人的表情、迷人的色彩、文雅的举止、朦胧的神韵、温柔的蕴藉,使得女性的羞涩具有强烈的神奇魅力和功能。

一个女人虽眉目口齿般般入画,但若失去了羞涩之美,就犹如花儿缺少香味,总让人心存缺憾。

"犹抱琵琶半遮面""欲走还休,却把青梅嗅",人美而含羞,两相映照,互发光辉,更增加了女性的迷离朦胧。这是一种含蓄的美,是一种使女人充满无限韵味的美,更是一种不可缺失的美。

羞涩的女人是富有思想的女人,女人因为富有思想才会羞涩,她深厚的文化素养、她悠远的情致、她的善良及她的纯洁,使他她透出清雅高贵的气质,令人如嗅美酒、不饮而醉。

羞涩的女人是自尊自爱的女人,羞涩的女人多易被人信任,因她有较强的自知感,还自尊自爱、不乱说是非,她善于自我克制,拒绝诱惑,执着地守护着一个女人的纯洁。

羞涩的女人是文静的女人,羞涩的女人具有文静稳重的品性。她步履轻飘、袅娜玲珑;她口吐幽兰、余音袅袅;她心态平和、不愠不惊……这一切使她更迷人、更富有吸引力。

羞涩的女人是明事理的女人,羞涩的女人更明白事理,她会懂得尊重别人、倾听别人的意见,在家里,她是贤妻、慈母;

在外面，她是敬业的员工、同事信赖的朋友……

羞涩的女人是易相处的女人，羞涩的女人是忠心的朋友，也更容易相处。对自己的成功既不虚饰也不狂傲，对他人的成功既不妒忌也不贬斥。

女人的羞涩，使女人不施粉黛而妩媚，不着彩衣而妖娆，因为它本身就具备了吸引人的魅力。

温柔之情，是上天赋予女人的奇世瑰宝。女性的柔情，须从学养而来。一个女人若胸无点墨，其形必悍，必俗，必近愚蒙，就没有了女人应有的灵秀之气；而潜修文艺，博览群书的女人，禀性必柔，心多聪慧，做事也必通达。因此，学养的熏陶必不可少。

卢梭说："女人最重要的品质是温柔。"马克思则认为："女人最重要的美德是温柔。"温柔之美是女性美的最基本特征。温柔的女人，具有一种特殊的处世魅力，她们更容易博得人们的钟情和喜爱。

温柔的女人更像绵绵细雨，润物于无声，给人以温馨柔美之感，令人心荡神驰、回味绵长。女人最大的悲哀也是失去了温柔，若失去了温柔，就没有了女人的味道。

做个灵魂有香气的女人

温柔是女人独有的处世法宝,温柔是男人的甜蜜杀手,温柔也是女人应有的宝贵品质。一束回眸是温柔,一声叮咛是温柔,一个爱抚是温柔,一次微笑是温柔。

温柔像雾,它给女人平添一份朦胧与浪漫;温柔如风,它能拂去他人心头一切的惆怅烦忧;温柔似雨,它能滋润一切干渴的心田。如果你希望自己更妩媚、更完美、更有魅力,你就应保持或发掘自己身上作为女人所独具的温柔的禀赋。

温柔来自修养,女性要在自己的日常生活中,注意加强性格上的涵养,培养女性柔情。为此,女性特别要忌怒、忌狂,讲究语言美、形体美,把那些影响柔情发挥的不良情性彻底克服掉,让温柔的花儿为女性的魅力而怒放。

温柔不是柔弱,女性的温柔是征服他人的神奇力量,不是柔弱、柔软、柔驯。丧失了自己独立的人格和独立的个性,也绝非女性之美德,而是一种耻辱。

女性之温柔,是柔中有刚、柔韧有度。愿女性的温柔化为一种扭力,一种征服他人的神奇力量! (程和平)

男人多愁善感有点神经质，怪怪的，女人则是天经地义。这种多愁善感是真实的，她掉下的泪是实在的，总能够感人。

爱好让你拥有别样的风致

爱音乐的女人心有所属。女人的声音轻柔、圆滑，本身就是一曲动听的音乐，所以女人的音乐细胞比男人多，这是上天赐予的，不喜欢音乐似乎是说不过去。

音乐是女人，女人就是音乐。音乐给女人以憧憬、幻想、回忆。音乐的暗示就是给女人生命的暗示。丝丝缕缕，缕缕丝丝，多少音符如潺潺的溪流，如春野的鸟，在低低地诉说女人情怀。

爱音乐的女人，灵魂被幽幽的短笛招了来，多愁善感。男人多愁善感有点神经质，怪怪的，女人则是天经地义。这种多愁善感是真实的，她掉下的泪是实在的，总能够感人。

爱听音乐的女人能得到男人的欢心，大抵就是因为显示出具有古典的忧伤的美，那只招魂的短笛将女人的魂招了来，又将男人的魂招到了女人身边，而且婚后夫妻总是和睦相爱，子女健康聪明。

爱打扮的女人最懂男人心。心理学家说："女孩子从两周岁就开始进入无休无止的打扮时代了。因此，世界上最畅销的东西就是女人的服装，女人的化妆品和美容品。女人的裙子似乎始终是服装店老板赖以牟取暴利的热门货。"

爱打扮的女人不仅仅是为自己的男人，也有社会性目的。女人与女人之间的嫉妒，是几千年说不尽的话题，再漂亮的女人也往往要用服饰和化妆品来炫耀自己，以求与人家争艳。

爱逛街的女人跟美走。世上少有爱逛街的男人，却没有不爱逛街的女人。

我们经常可以在电影或小说中看到这样的场景：丈夫肩上挂着、背上背着、胸前抱着大包小包的东西，神情沮丧、无可奈何地跟在妻子后面。而妻子呢，则潇潇洒洒在人群中穿梭，眼光还随时浏览着橱窗内的精品。

女人怎么会有那么多时间与金钱走街串巷逛商场呢？事实上她也未必有钱，不买，看看总可以嘛。不去逛怎么知道现在流行什么？不去逛街怎么比较哪儿的东西好和便宜？

逛街另一大乐趣，就是会发现"惊奇"。无论是打折拍卖讨价还价，总会有所收获。女人对衣服的色彩、质地、样式，皆要品头论足一番，即使她心里非常满意，口头上亦要说"不"字，以便杀价。

难怪10个男人单独买回东西，10个男人都要受到女人的批评，不是价高便是不好。虽然男人很烦跟女人逛街，便正是由于她的逛街使她会持家，所以大抵都夫妻和睦，不会发生不和或离异。

爱艺术的女人是智慧之源。爱艺术的女人，令人感到浪漫。这种浪漫不是卖笑调情，而是艺术的启迪。女人学书法，不是为了像男人般要成为书法家；画点山水花鸟，不是为了做女画家；收集几幅字画，不是为了做鉴赏家。女人不像男人那样功利，她们爱艺术是感受到艺术之美，艺术中特有的灵气。

爱艺术的女人呈现出古典风味，这是很美很有情趣的。美丽的女子常见，然而众多男子都不约而同地爱慕一个女子，往往是看中了这个女子不落俗套的气质。艺术可能就是这气质的启迪源泉。

爱艺术的女人爱艺术的目的是自娱，而不像爱艺术的男人皆有点附庸风雅。表现在生活工作爱情上，也比较自重自尊，不容易失去属于自己的原则，在爱情世界中也不易被低俗的男人所骗，婚姻美满。

爱运动的女人具有理性的美丽。爱运动的女人不认为美容化妆品可以留住青春，也就是她们不认为金钱是万能的。运动比之于美容，不是一时的缺陷的掩饰，却是自然美和艺术美的长远结合。所以，爱运动的女人比爱化妆品的女人更懂得形体和美。

透过健美运动及健美操，容颜不美的被优美的肌肉线条掩饰了。容颜本来就不错的，腹部脂肪得到控制，乳肌前挺，大腿匀称发达，小腿结实修长。不难想象，这样的女人多么令人心动。

所以，健美留得住美丽，爱健美的女人在持之以恒和运动精神促使下，变得美丽和自信，将成为美丽的天使、幸福的宠儿。她可以无愧地说："太阳每天都是新的。"正是这种匀称的体形使她赢得幸福，找到如意郎君。这种自信使她充满活力，工作如意，容易得到上司和同事的喜爱。

爱花的女人爱自己。美人总是与花连在一起，花即美人，美人即花。爱花是女人的天性，不爱花的女人不是具有女人味的女人。许多关于美人的美丽忧伤的故事,桂花、水仙、蔷薇、丁香、断肠花,它们的美丽后面无不与女人相关。因此,对女人来说,爱花就是爱自己。

女人在山林间,常常漫山遍野乱跑,这摘一朵,那摘两簇,叫不出名字没有关系,自己闻一闻,还一定要问别人"香不香"。回家时用清水养在花瓶里,往往比上街买来的花更加怜惜。

花的含义多种多样,爱花的女人在男人面前提起某某花她喜欢时,就是在暗示了。譬如她说最喜欢深红的玫瑰,那就是说她爱得很深,于是他应该立即行动了。

在爱花女人的眼里,人生总是美的。但花也有凋零之时,所以有时伤感,不是为了工作,一定是为自己如花般快要凋零的青春。这种美丽的伤感是颇有成效的,许多男人当然偏爱如花的女人。想想,哪个男人不愿成为护花使者呢? (牧之)

| 03 |
既要有爱，还要会爱

作为女人，要冷静地审视自己，
要用一分真诚的爱去呵护一颗疲惫不堪的心。
可世上有那么多的女人，
总是在该聪明的时候愚蠢，
而在该愚蠢的时候，是那样的聪明。

当爱情像气息一样,从眼神、指尖、唇齿,再渐渐渗透到每一滴血液,直至重新弥散在空气中的时候,谁说花开的时候没有声音。

爱情是女人一生的事业

莎士比亚曾经说过:"没有比服侍爱情更快乐的事。"也说过:"天下再也没有比爱情的责罚更痛苦的。"

是呀,爱情它即让你享受了年轻、美丽、浪漫、激情,也一定要让你面对年老、色衰、平淡、冷漠。

而女人大多为情所迷,迷上了戒都戒不掉。好像情是女人一生的事业,没有了情,一个女人会形同枯槁。爱是一种与生俱来的人生渴望,一生饮用了它,你将一生滋润。

在爱情面前,哪一个女人不是痴狂而沉迷的?当爱情像气息一样,从眼神、指尖、唇齿,再渐渐渗透到每一滴血液,直至重

既要有爱，还要会爱

新弥散在空气中的时候，谁说花开的时候没有声音。

其实，爱情的神话，都是人创造的。有的人创造神话，大多数人则作为听众，受神话的感染。

爱情呢，不过是蛋糕上的奶油，永远是甜的、软的、香糯的。吃尽以后，才是露出底下的蛋糕。也许已经干得发裂，也许已经长了绿毛。可是又能怎样呢？蛋糕都已经买回来了。

余秋雨说过，世界不再完美，我们还是怀着一腔莫名所以的酸甜苦辣认下了它。就如爱情并不完美，我们所有的女人无一例外，不也是怀着满腔莫名所以的酸甜苦辣而认下了它吗？

男人的爱情对于女人就好像鸦片，一旦染上，想戒掉也难。所以千万次回头的都是女人。可是没有那个男人会真正记得爱他的女人，男人这一生最不能抹去的，就是他深爱过又没有得到的女人。

女人一不小心爱上用了情，就无限沉迷下去，没有任何理由。就像张爱玲《红玫瑰与白玫瑰》中的王娇蕊说："好容易学到了爱的本事，舍不得丢掉，不用怪可惜。"

所以，女人为爱宁愿改变自己，而男人为爱宁愿女人为自己改变。爱情总是让女人柔肠寸断、死去活来。可没有一个女人愿意舍去自己的灵魂。因为她们觉得,没有经历过爱情的人生是不完整的人生,没有经历过痛苦的爱情是不深刻的。

爱情使人生丰富,痛苦使爱情升华。爱情是女人一生的事业。(佚名)

其实，爱不是寻找一个完美的人。而是，要学会用完美的眼光，欣赏一个并不完美的人。

有多少爱，就有多少体谅

真正的爱，是接受，不是忍受；是支持，不是支配；是慰问，不是质问；真正的爱，要道谢也要道歉。要体贴，也要体谅。要认错，也好改错。

真正的爱，不是彼此凝视，而是共同沿着同一方向望去。
其实，爱不是寻找一个完美的人。而是，要学会用完美的眼光，欣赏一个并不完美的人。

都说男人如山般坚强，女人似水样的柔情。但往往男人有时更孩子气一些，男人最期待的可能就是来自女人的宽容，有了这种宽容，男人会找到应有的位置，可以享受所谓的成就感。

允许男人沉迷一些没有意义的小事是一种宽容。男人往往通过这些癖好，来达到心理缓冲，允许本身可能是更好的一种关切和督促。

允许男人和朋友们消磨时光是一种宽容。和朋友们一起喝酒聊天，即使是让你感觉无聊的，也不要去阻止，因为这个过程是男人心理的一种需要。

让男人和其他女人交往是一种宽容。男人天生喜欢寻找和欣赏异性身上的美好东西，但不是所有的男人都见一个爱一个，有好的欣赏力的男人，多半会很好地爱自己的妻子。

在男人不图进取的时候，保持适度的沉默是一种宽容。男人的一生中很少能够一往无前，大多数的男人总会有周期性的情绪波动和行为上的调整，男人并不总是需要激励。有时，适度的沉默、适度的空间，也是最好的关怀、最大的默契。

男人在如此宽容之下会得志猖狂吗？未必。不领情的男人有，但那是少数。正常的男人会好好珍惜来自女人的宽容，因为宽容对男人来说是一种实实在在、时时刻刻的需要。

女人千万要记住：男人不是被管出来的，而是被疼出来的。

既要有爱，还要会爱

女人总以为，只要我一心一意地爱他，把他培养成理想的形象，他一定会感激自己，永远保持对爱情的忠诚。

女人培养男人，可不是花卉培育盆栽。盆栽可以按照人的意愿生长，不够弯，可以将它的枝条扭曲，枝叶太多了，可以修剪，要想它开出美丽的花，可以多施肥根剪枝。

可是，男人毕竟不是盆栽，他们有自己的理想，他们最看重的，是尊严与自由。

如果女人给了他们太多约束，他们没有自己的自由与爱好，怎么不厌烦呢？男人也看重面子，在女人面前失去了自主的权力，总被支配着行动，那不就是失去了做男人的尊严吗？这种屈辱的感觉，忍一时可以，时间长了，脾气再好的男人也会受不了的。

如果你是聪明的女人，不妨给男人足够的自由，他是成年人，知道自己如何去成长。他的许多习惯与兴趣是多年形成的，与其去改变，倒不如去适应，相信他会更喜欢两个人慢慢磨合的过程。

把培养男人的时间用来培养自己，使自己的外表和才华散发出最大限度的光彩，远比把宝押在男人身上。培养了他，再回过头来倚靠他更保险。至少，他会更喜欢有魅力的你。

爱的极致是宽容,宽容让我们的爱在现实和挫折中延续,更让我们在真真切切中筚路蓝缕、患难与共、不离不弃。

爱到极致是宽容

情感是上帝给予我们人类最大的财富,它让我们哭泣欢笑,在喜怒哀乐中体味人间冷暖,更让我们彼此相识、相知和相爱,在恩爱情仇中咀嚼人生况味。

但是现实生活里,我们却会常常在爱的索取中,钻进了偏执的胡同不可自拔。

不知从何时起,人们似乎更多的只是习惯于接受爱情的纯净、浪漫和赞美,殊不知人世间根本就没有绝对的纯净,而浪漫从来就不会长久,再好的赞美也会成为岁月的谎言。于是,人们

既要有爱，还要会爱

变得彷徨和困惑，甚至会怀疑真爱的存在。

其实，爱始终是存在的，只是大多数时候我们的爱太过理想化，出于追求完美的心理，爱在不自觉中被我们关进狭隘的樊笼，而这种爱多半不完整，不得已在遗憾和争吵中翻滚。

爱一个人，就应该爱他的全部，得在欣赏她美丽秀发的同时，愿意随时为她收拾撒落满地的长发；得在感受她温柔善良的同时，准备随时接受她的泪眼婆娑；得在陶醉他英俊帅气的同时，愿意为他清洗狼藉的衣袜；得在崇拜他才华横溢的同时，习惯他工作时的烟雾缭绕……

这绝不是迁就和娇宠，它是一种宽容，一种爱到极致时心甘情愿为其付出的宽容。

爱的极致是宽容，宽容让我们的爱在现实和挫折中延续，更让我们在真真切切中筚路蓝缕、患难与共、不离不弃。

有道是：爱悠悠，恨悠悠，爱到深处方始休。真正的爱应该包容彼此间的一切丑陋，可以原谅对方的一切错误，除非爱已不在。

妻子曾经问我，为什么每次吵架不管谁对谁错都是我先去哄她？我只是笑了笑没有回答，但我相信她一定从我的笑容中读出了宽容,更从我的宽容中明白了我到底爱她有多深。

其实,爱并不能光只是一句苍白的语言,它应体现在相互间的细节中,我知道妻子她会时不时地发发小脾气,用来发泄她心中的一些小情绪。她对我发脾气也绝不是因为对我有些许的不满,而只是作为她最亲最爱的人,我成了她发泄对象的唯一选择。

尽管我也会有时因此觉着委屈,甚至是和她吵闹,但每每过后静心反思,都觉着分担她的忧愁是我应尽的义务。这样一想,我所有的怨气便会在瞬间灰飞烟灭。

也许,日常生活中我们真的无法对一个人爱到极致,但我们只要爱他,就应该对他多一些宽容,把爱的暖流由宽容注入他的体内,让他在温暖、宽敞和自由中享受我们的爱,因为爱到极致是宽容,爱的极致从宽容开始。(余丹)

矜持，但双眸含秋、十指带香，保持一种很有张力的距离感，是令男人最头疼可又不得不紧追不舍的一种美妙状态。

既要懂得暧昧，又要懂得拒绝

女孩子，她们有渴望爱情的权力，可在现实的爱情中，总有一些事情不是她们想象中的简单。

女孩子想要爱的温暖，又怕被火焰灼伤，所以，应该做一支带刺的玫瑰，能暧昧地开，能纯洁地香。

矜持，但双眸含秋、十指带香，保持一种很有张力的距离感，是令男人最头疼可又不得不紧追不舍的一种美妙状态。

不爱你的人，看不出你刻意留下的距离；爱你的人，又会对你这短而暧昧的伸手却又不可及的距离，而两股颤颤兴奋不已。

我建议,在恋爱的过程里,还是给男人们一些不大不小的阻力,让他总有一种渴望,一种彻底了解你的渴望。这才是真正的会爱和懂爱的人所要经历和做的,因为爱本身就是一场战争。

暧昧的矜持,其目的不是要拒人于千里之外,而是要让他一直保持高度的进攻状态,也是为自己留一点后路。他不会因此而不理你,只会对你更加尊重。

被别人喜欢是容易的,但是让别人尊重就需要付出一定的努力。只有这样的爱,才会显得高贵而华丽。当然,这个尺度是在你的手里,如果太过就会让他远离,所以也要适当暧昧。(佚名)

当妻子的母爱过于泛滥，将老公当成自己的第一个儿子，男人便会很快适应儿子这个角色。

脾气多不得，但一点没有也不行

如果一个人给了你诸多痛苦，不要忍。很多人把忍让当宽容，但宽容的前提是互相体谅。女人需要体谅男人，但不能太惯着他。只因惯得过分了，就成了习惯。

脾气这东西，多不得，但一点没有也不行。

当发现身边的男人越来越没有责任感、越来越懒惰的时候，女人也许就要想想是不是自己把男人惯坏了。

有些女人在事业上很精明，但在爱情上就会犯傻，不知不觉地就把身边的男人惯坏了，然后自己爱得越来越累。女人是如何把男人惯坏的，就让我们来了解一下。

把男人惯坏的傻女人往往会犯了姑息养奸的错误。当逮到男人犯错的时候，她们往往会选择原谅男人，认为这样男人会被自己的宽宏大量而感动、悔改。

的确，不否认有些男人会这样，但不是全部，相当一部分的男人是会在女人的宽容下变得越来越过分，越来越无耻。因为他们已经默认了你能够容忍他。

当发现男人犯错误，尤其是出轨搞暧昧这种致命错误时，女人一定要狠一点，要明白这是在践踏你的尊严和对婚姻的付出，绝对不要轻易原谅这种错误。

当家里的男人变得越来越懒，越来越习惯你伺候他，你就要想想，是不是自己勤奋过头了。总会有些男人，在外面成熟稳重、通情达理，可回到家里却像变了一个人，懒惰、依赖性强、情绪脆弱。

男人对于爱的需求无度常常是女人宠出来的。当妻子的母爱过于泛滥，将老公当成自己的第一个儿子，男人便会很快适应儿子这个角色。

可惜的是，这是一种没有血缘纽带的母子关系，一旦"母亲"因为种种原因不能像过去那样对他细心，他便会觉得自己受冷落，甚至跑到外面找温暖，并且丝毫不觉得自己有什么错。

事业成功的男人易花心？其实男人还是那个男人，只是宠他的女人多了，便乐得周旋于狂蜂浪蝶中，忘了来时的路，忘了当初也曾经被女友甩，忘了专一与纯情如何写。当一群女人抱着不同的目的扑向同一个男人，哪个男人不会被宠坏？

对于这种男人，倘若你想与他天长地久，必须以强悍的姿态打击他的自信，让他感觉你的与众不同。这样做当然有一定风险，但总好过一辈子忍气吞声、继续宠坏他。（佚名）

女人在小事上越糊涂越精明，男人在小事上越糊涂越有精神。

受男人青睐的女人，是大气的小女人

男人喜欢小女人，男人不喜欢小心眼。

做女人要做小的，越小越好，小女人就是小家碧玉。长心眼要长大的，心眼越大越好，大心眼就是大智慧。

小女人可以套牢大男人，可以套牢爱情，可以紧紧套住男人的快乐。大心眼可以装下家庭、爱情、事业，装下人生的风风雨雨，装下生活的酸甜苦辣，装下男人和女人的春夏秋冬和长长的未来。

小女人就是小事糊涂。女人在小事上越糊涂越精明，男人在

既要有爱，还要会爱

小事上越糊涂越有精神。女人越精明男人就越喜欢你。男人越精神，女人越幸福。

其实，人生一场，忙忙碌碌，转眼而过，患得患失干什么呢？弄得那么明白为什么呢？想得那么清楚有什么用呢？比得那么痛苦有什么收获？看得那么遥远有什么意义？

人生不就是一本糊涂账吗？爱爱恨恨、生生死死、吵吵嚷嚷而已。只要不影响男人的身体健康，就不要对男人管得太严；只要不影响自己家庭生活，就不要对男人的经济限制得太紧。

小女人要专心过好自己的小日子，不要事事和别人比较，不要处处和别人攀比。常言说得好：人比人气死人。小女人不选择气死、不选择比较、不选择痛苦，要选择爱、选择放手、选择糊涂、选择快乐！

大心眼就是大事宽容。宽容他们吧，谁让他们是你的男人呢？宽容他们吧，谁让他们是你的朋友呢？宽容他们吧，谁让他们是你家人呢？宽容他们吧，谁让他们是你的同事呢？

其实，我们人类有一个最大的共同的缺点，就是不敢承认自己是一个动物，是一个内心深处充满欲望的肉体。

我们常常会把人类看得很伟大,很文明,很高雅,很纯洁,很美丽。正因为这样,我们常常用自己心目中想象的人的标准,去要求自己的男人,去要求自己的朋友,去要求自己的家人。结果大家总是大失所望,痛苦不已!甚至发生家庭变故,发生本不该发生的矛盾!

女人在大事上清楚,在大事上宽容,在大事上从容是很不容易的。当我们面对生老病死、生离死别、家庭变故、感情变异、天灾人祸等大灾大难和突发事件时,女人一定要柔韧、理智和宽容。

别看男人们平时个个挺着一张大大的肚皮,喝酒总是一斤八两不醉,说话总是云山雾罩、表情严肃、煞有介事,但当真到了关键时刻、到了危急时刻,女人才是他们真正的精神支柱,是他们的定心丸。

小女人就是小事撒娇。男人都希望自己是大男人,是坚强的男子汉。男人都希望自己是女人的依靠,是女人的大山,是女人的港湾,是女人的挡风墙。因此,聪明的女人,一定要想方设法,给男人一个台阶,给男人机会,给男人一个自信,让他们从容地实现自己价值。

既要有爱，还要会爱

小女人的撒娇、示弱、缴械是男人的成功。女人的撒娇是男人的幸福，是男人的痒痒，是对男人自信的开始。小女人时不时撒个娇，犯个小错误，甚至惹出一点小小的麻烦，找一点小小的别扭，弄一点小小的闲话，甚至打一个擦边球，与帅哥们，眉来眼去，占点小般宜，都是很正常的事情。

女人越小，男人越大；女人越大，男人越小。

小女人越是有小毛病，男人越是喜欢；小女人越是麻烦，男人越是放在心里。小女人就是小蛮横，就是小蛮腰，就是小不懂事，就是小无赖！（木虫）

她懂得，激情终究会冷却，唯有平平淡淡的相依相守才是婚姻的真谛。

会爱的女人懂得婚姻的真谛

一个会爱的女人，从她准备做新娘的那天起，就用毕生的努力来维系、更新她的爱情。

因为，她深知，一纸婚约并不能替她永远守住另一颗心。她懂得，激情终究会冷却，唯有平平淡淡的相依相守才是婚姻的真谛。

会爱的女人明白：两个在不同环境下长大，有着不同的经历不同个性的人走到一起，必然会有一个相互了解相互适应的过程。在这个过程中，选择放弃，就是选择新生、选择希望。

她不会企图去改造她的丈夫，她知道那将得不偿失，男人们的固执,有时候需要我们用一生的光明才能真正领略。而固执的男人一旦产生逆反心理,他离你而逃的日子也就不远了。

一个会爱的女人特别重视提高家庭的生活质量。她不会整天趿拉着鞋、蓬头垢面地面对丈夫,她总是把自己最漂亮、最精彩的一面展现给爱人;她不会以洗衣、做饭、养孩子为由,而扔给丈夫一张倦怠的面容、一双冷漠的眼睛、一副粗俗的嗓门。

会爱的女人深知,丢失了自己也就丢失了一切。她很注重提高自身的素质,与时代同步。她拥有自己的思想,自己的追求,这令她永远充满活力与魅力,令她的丈夫一次又一次地对她重新认识。他们的爱情也不断得到升华。她把这叫作爱情与婚姻同步。

会爱的女人心里有数。她明白:女人受到挫折还有男人的臂弯可以依靠,而男人却必须赤裸着胸膛承受着一切重负。

因而,她把家精心营造成一个温馨的小巢,带给她的丈夫妻子的娇柔和母亲的宽容,使丈夫劳顿时能得以安歇调养,情绪激烈时能得以舒缓释放,遇到矛盾也可以在这里得到温柔的化解。(李志刚)

> 女人太漂亮,围着的男人多,受的诱惑也多,难免恃宠而骄,最后的结果无非两样:要么心比天高,命比纸薄;要么孤芳自赏,乏人问津。

不漂亮也是一种福气

女人,长得漂亮是运气,长得不漂亮是福气。

女人太漂亮,围着的男人多,受的诱惑也多,难免恃宠而骄,最后的结果无非两样:要么心比天高,命比纸薄;要么孤芳自赏,乏人问津。

看来,女人太漂亮,跟男人太有钱一样,都不是什么好事。美女跟巨额财产一样,都会被无数好事者惦记着、揣摩着、念叨着,搁谁家里都不踏实。

过去有种说法,一入侯门深似海,娶个太漂亮的美女回家,也怕"满园春色关不住，一枝红杏出墙来"。所以，大多数男人虽很好色，但又很理智，他们深知美女可以喜欢，但不能爱，更不敢娶回家。要不，中国自古为什么一直有"儿女情长，英雄气短"的说法呢？

红颜薄命的悲剧，往往起源于红颜对命运的期待值过高。倘若把人生比喻成一笔投资，某些美女只是把年轻貌美当作唯一的资本，总想一本万利——她们生怕辜负了自己的花容月貌。可是，投资有风险，一本万利的美事不是人人都可以遇上的，所以结果往往事与愿违。

时间是女人最大的敌人。再美若天仙的女人，也会被时间打败。女人越看重自身的外表，在时间面前会输得越惨。花瓶式美女和智慧型女人就像龟兔赛跑，一开始前者领先，最后保准是后者获胜。

自古以来，文人墨客都爱把漂亮女人比喻成美丽的鲜花。鲜花之所以那么美、那么艳，用生物学家的话说，那是因为它们要招蜂引蝶，如果错过花期还没有蜜蜂来为它们传授花粉，没多久就要枯萎和凋谢了，就像那诗所说："有花堪折直须折，莫待无花空折枝。"

但是，鲜花们常常遇人不淑，因为只有那些无聊的游客才会毫不怜惜地把它们摘走,把玩几下再无情地扔掉。真正有品位的男人,是不会这么不"怜香惜玉"的,他们会停留驻足,反复欣赏,但不会把鲜花据为己有。而这似乎也预示了鲜花们孤苦无依的悲剧——总是被优秀的男人错过,总是被低俗的男人糟践。

一位年过三十、貌美如花的朋友至今未嫁,她告诉我,她看不上一般的凡夫俗子,觉得自己好比一幅价值连城的古画,应该被一个有品位、有家底的收藏家所珍藏,所以绝不甘心被"贱卖"。

我深知她的"不菲价值",但婉转地告诉她,在这个世界上,敢于收藏名画的人毕竟不多,一是经济实力有限,二是文化品位不够。就算遇到这么一个知音,人家如获至宝地把你收藏了起来,也未必会天天爱不释手,说不定挂在墙上欣赏一阵子,新鲜感一过就束之高阁了。

再有,真正的收藏家也不会只收藏一件稀世珍品,一旦遇到更好、更值钱的东西,原先捧在手心的宝贝难逃被打入冷宫的噩运。

但是,"名画们"往往不懂得这个道理,她们还是在那里痴痴地等,最后把自己空等成了一座凄清的望夫崖。无数美貌的

既要有爱,还要会爱

"圣女"之所以被剩下,就是这种心理驱使的结果。

男人喜欢美女,但不代表男人只爱美女,更不代表男人只想娶美女回家。喜欢不等于爱,想跟美女恋爱和想跟美女结婚是两个概念。

男人的视觉冲动不等于男人的真心付出,大多数男人都很贱,他们深知再美丽的花朵也会有花容失色的一天,再魔鬼的身材也会走样。

所以,真正聪明的女人,不管长得美不美,最好不要单单用外表作为对付男人的武器。否则,总有一天这件武器会失灵,就像再百发百中的手枪也会有"哑火"的时候。

古人总结打仗的诀窍:"攻城为下,攻心为上。"同样,女人在遭遇爱情阻击战时也要学会"攻心为上"。

我猜想,一对长久夫妻,终归不是靠着妻子的美貌得以善终,因为美貌的折旧率最高,只有美德才可以历久弥新。(妞子)

聪明乐观的女人往往能尝试着让自己的心灵变得通达起来,让爱在一种平淡中走向坚固和永恒。

既要可爱,还要会爱

大凡女人,都愿意把自己打扮得漂亮一些,让男人喜欢。然而,仅仅靠外包装是不行的,还必须加上各方面的配合,才能避免在众人面前因一时的失态而影响自己在男人心目中的地位。

可爱女人要充满自信。在这个处处充满竞争的社会,那种自怨自艾、柔弱无助的女人已日渐失去市场。

男人不再是女人的主宰,女人也早已不是男人的附庸。"男人追求的极致是成功,女人追求的极致是幸福"的名言也日渐黯然失色。女人学会自我拯救和自我完善永远是最重要的。

既要有爱,还要会爱

渴盼男人赐予你幸福永远是被动而不安全的。这个世界上自强自立的女人多了,男人背负的精神压力就比较小。而且,一个男人能与一个不仅只满足衣食之安的女人共度人生,生活永远不会陈旧,人生也不会走向退化。

可爱女人要学会高贵。女人的高贵并非指的是一定要出身豪门或者本身所处的地位如何显赫,这里的高贵是指心态上的高贵。男人最反感放荡轻浮、心态猥琐的女人。生活中,男人可以是女人的护花使者,但女人本身要给男人提供一种信心——这种信心就是让男人放心,而且乐意为你托付爱。

小仲马的《茶花女》中的男主人公爱上女主人公,只因为身为女主人公的那个女人气质高贵而又有十足的女人味。这种女人往往会给男人生活信心和勇气,因为她们生命里潜存着一种净化男人心灵、激励男人斗志的人性魅力。现代女性要做到不媚俗、不盲从、不虚华,自然少不了要有这种让男人倍加欣赏的高贵气质。

可爱女人懂得善意通达。这里所说的善意不外乎指女人的温柔,但在这里把温柔改为善意更好。男人当然喜欢女人的温柔,因为女人的温柔能给男人的心灵取暖。然而,温柔有时候似乎又是一种没有原则的爱。

一个女人对一个不值得托付温柔的男人付出爱,从某种程度上说是成全了男人的罪恶。

爱应该是有所节制的,而且应该是向善的。因此,好女人对男人只要心怀善意就行了。女人爱得泛滥,男人就不太懂得珍惜。在这个年代,男人不再习惯固定在一个小小的居室之中。这样,女人更应该学会调适自己,不要一味地为情所困,以至让感情取代了生活的全部。

聪明乐观的女人往往能尝试着让自己的心灵变得通达起来,让爱在一种平淡中走向坚固和永恒。

一位知识女性,深爱着她的丈夫。但是,她爱她丈夫的时候也没忘记珍爱自己。她的丈夫常年在外经商,但他们的感情十分融洽,从未有过一丝半点的裂缝。

有人问:你不担心他在外面寻花问柳吗?这位女士回答:我和他的爱从来都是平等的。从接受他的爱那天起,我就给了他信任,我爱他但不苛求他。我希望他成功完美,但我从未把自己的一切抵押在他身上。我担心什么呢?

有些时候,感情这事,你放开来看,其实恰恰就是一种最好的把握。有些女人从一开始就把自己摆到一个乞求感情的地位上，悲剧的根源往往就在这里：你对自己都不自信，别人怎么看重你？

男人爱上一个女人的同时，并不希望在爱的约束下丧失自己的一方世界。男人在乎爱情的默契、宽容和理解，因为这种爱不致阻止男人身心释放地闯荡人生——毕竟，在男人的眼里爱情并不能代表人生的全部。

一个女人要想完全做到以上几点，看来不是一件容易的事。但是，只要做到了其中一点，在男人眼里，你也不失为一个可爱的女人。（佚名）

做女人要知道什么时候该进,什么时候该退,什么时候该挡在他前面,什么时候该躲在他后面。

最深沉的爱,是心疼

在他的朋友面前,要给他十足的地位。面子对于男人来说比什么都重要,不要介意在人前当个小女人,要知道,小女人都是男人宠出来的。

男人不管他外表有多强大,但是骨子里都还是一个孩子。他在任性的时候,不要对他大吼大叫,这对他不起作用。最有效的方法是陪他一起疯,等他平静后轻轻地告诉他你很爱他。

男人都是不肯认错的,在他知道错的时候给他一个台阶下,他会知恩图报的。体谅一个男人,那就是把他当成你的爱人、情人、哥哥、朋友、父亲、孩子。

做女人要知道什么时候该进，什么时候该退，什么时候该挡在他前面，什么时候该躲在他后面。把他当成你自己一样去爱护，成全了他的幸福，他才能成全你的幸福。

当你爱上一个男人，千万别去想自己，是不是该矜持一点。爱他就告诉他，有时候男人也很爱虚荣，你的表白会让他自信达到顶点。

当你已经不爱他了，那么也用最直接的方式告诉他。别去考虑他会不会脆弱，男人的自尊远比伤痛重要。

男人都很笨很懒，尽管他爱你，但是不想费尽心思地去讨好你，你所能做的就是，在适当的时候给他一个明示。男人有时候需要女人给他强有力的当头一棒。

他在打游戏的时候，不论你有多着急的事情，也不要直接去关掉他的电脑。最好是搂着他，在他耳边轻轻地细语，因为男人对游戏的执迷胜过你看一部精彩的肥皂剧。

男人每个月也有那几天，跟女人差不多，心情会无故低落。这个时候不要总问他怎么了，只要陪在他身边，做好你自己。（佚名）

男人的突然沉默，通常是受了创伤或压力，他想独自解决问题。

男人沉默时，女人该怎么办

当一个男人沉默的时候，女人越是要跟他们谈话，他们沉默得就越久。

一般而言，男人的突然沉默，通常是受了创伤或压力，他想独自解决问题。女人此时想用自己的方法支持他，反而会取得相反的效果，甚至争吵和引发婚姻的危机。如何支持正承受压力的男人呢？

不要反对他想独处的需求。婚姻中的女人是相当敏感的。她们希望男人能够保持恋爱时的热度，与他"心心相印""形影相随"。当男人沉默、想独处时，女人感觉受到了很大的伤害。因此，大多数女人都会反对男人的这一需求。但如果女人真正想帮助男人的话，请不要反对他的这一要求，因为这是男人正常的需求。

不要以问他感觉的方式来帮助他。男人一沉默，女人就感到害怕，她们不知道发生了什么事。女人的天性促使她关心所爱的人，她小心地询问他是否那里不舒服、为什么不高兴、单位里出了什么事。

但这样做的结果并不能帮助男人解决他的问题。他最需要的是一个人静静地待一会儿，他不愿意女人在那里不断地"唠叨"。这时，女人的好心往往得不到好报。因此最明智的方法是不要问他的感觉。

不要担心他或总是与他形影不离。男人沉默时，女人觉得有责任帮助他。

当男人不能坦诚地说出自己的问题时，女人则倾向于把问题看得很严重。她对他感到非常担心，除了在生活方面无微不至的关心外，还与他形影不离。她希望在男人需要帮助时，她能够在他的身边。但女人这样做的结果，可能使男人正常的处理问题的方式受阻。

一些男人面对娇妻的爱心，感到很愧疚，从而回到女人的身旁。但这不利于问题的解决，不久女人就又会发现，男人又开始沉默。一般而言，女人的干预会延长男人解决问题的时间。因此，女人在男人沉默时不要过分地担心他，相信他会将一切处理好的。

做一些使你自己高兴的事。不要把男人当成爱的唯一来源，这样会使男人喘不过气来。通常情况下，女人很难做到这一点，女人觉得，当她所爱的人难过时，她也不应快乐。因为在女人的观念当中，感同身受是她们关心及爱护人的方式。但这一点不适用于男人，他需要独处、需要空间，他不希望女人打扰他、烦他或关心他。

当女人没有因他的沉默而处罚他，而且很快乐的时候，他感到很欣慰，她的快乐就足可以使男人感觉到她的爱。（米齐海）

|04| 优秀的好男人,是好女人打造的

对于男人而言,
好女人是一所学校,
但她也需要男人的理解和珍惜。
但愿男人不要逃课,
做一个合格的学生,
成为一个优秀的好男人。

> 一个好男人通过一个好女人走向世界,一个男人的一百个好朋友也没有一个好女人好,一个男人的一百个好友也不能代替一个好女人。

好女人是一所学校

一个好男人通过一个好女人走向世界,一个男人的一百个好朋友也没有一个好女人好,一个男人的一百个好友也不能代替一个好女人。

好女人是一种教育,好女人身上散发着一种清丽的春风化雨般的妙不可言的气息,她是男人寻找自己、走向自己,然后豪迈地走向人生的百折不挠的力量。

好女人是一所学校,教你学会理解和宽容。在她体贴的目光里,你总会忘记烦恼和疲惫,放松紧张的身心,重新鼓起勇气,开始新一轮打拼。

好女人是一所学校,教你懂得自律和谨慎。古语言:"妻贤夫祸少。"她的温婉劝说和及时提醒,往往会给你冲动的头脑吹来一缕清新的风,让你重新审视已经作出的冒险的决定。

好女人是一所学校,教你懂得珍惜和感恩。她也许不是个出众的美人,但肯定有温柔的眼神。在她柔弱的外表下,珍藏着一颗坚强的心。

当你遇到困难的时候,她总能坚定地和你共渡难关,当你终于出人头地的时候,提示你不要忘记曾经帮助过你的人。一起走过的路告诉你,她总是你最后的退路,是你最坚强的后盾!

好女人是一所学校,教你拥有友谊和亲情。在你的朋友面前,她绝对不会让你难堪。即使你有什么错误,她多半会巧妙弥补、背后提醒,让你在人前能够扬眉吐气,博得广泛信任。

她会心甘情愿地帮助你打理好家中的一切,让你没有后顾之忧,得享天伦。

好女人是一所学校,但她也需要你的理解和珍惜。但愿你不要逃课,做一个合格的学生。

一个好的学校,也要有好的学生相配。不是每个男人都有幸上一所好学校的。

好女人会温柔、果断、聪颖、圆慧、谦和、镇静。她不会咄咄逼人,不会让男士丧失信心;不会冷若冰霜,拒人于千里之外。可是智慧要遇良师,伯乐也要有千里马。 (梁晓声)

优秀的好男人，是好女人打造的

不要再去抱怨你的男人不够优秀，要知道每一个你所看见的优秀好男人，都是由优秀的好女人一手打造出来的。

好女人能够改变男人的一生

一个好女人能够创造一个好的男人。因此，好女人能够改变男人的一生，一个成功的男人会让自己的女人更美丽和拥有幸福。唯有懂爱的女人才知道如何经营自己幸福的人生来改变自己的男人，这才是一种用爱来浇灌的改变。

男人是泥，女人是水。一个好女人往往是塑造一个好男人的高手。水多了，泥清；水少了，泥浊。而好女人就知道如何将自己的男人打造成精品。泥在女人的细揉、捏制、烧烤、成型中，泥土的清香渐渐淡得若有若无，而男人只有有了女人才会开始散发出成熟魅力。

当一个男人被女人塑造得完美的时候，会因这种完美的外显而为他赢来别人更多的关注和艳羡，他浑身将会因此而洋溢出自信、快乐的光芒。在好女人爱的滋润下，男人会更勇敢地投入生活、投入事业，以回报给好女人更多的爱。

好女人不会对她的男人发号施令、颐指气使。因为她懂得使用温柔去化解一切。温柔女人是家中的甜蜜果汁，男人饮了它会展露温和与笑容，即使再粗暴简单的男人也会慢慢改变性情。

好女人把男人当作手中的风筝。她会将手中的线越放越长，任他海阔天空，男人自然也就会感到惬意。"风筝"也会因此而感激好女人给予的"放纵"与牵挂。

好女人懂得照顾男人的怪脾气。男人有着天生的怪脾气，越是在温柔面前，越是听话；而越是在强权面前，越是不服，越是表现出他的雄性和对抗性。

作为好女人，一定要像对孩子一样体贴入微、关心爱护。男人在女人的悉心照料中，也自然会给女人最大的回报，然而这一切也恰恰正是女人自己想要的。

好女人会选择做丈夫的恋人和知己。男人需要好女人，他希望自己心爱的女人是恋人、是知己,有时还得像个母亲。

作为女人,如果你真心爱你的男人,就做他的恋人、知己、母亲吧!

好女人永远幸福,因为她心态平和、宽容豁达,所以她被男人宠爱,女人也只有在被人爱时才会永远幸福美丽。

好女人塑造好男人,人世间,没有好女人,又何来好男人呢?

不要再去抱怨你的男人不够优秀,要知道每一个你所看见的优秀好男人,都是由优秀的好女人一手打造出来的。(佚名)

想嫁到好男人,不一定非要让自己变得更美,可以让自己变得更畅销。但是,瘦,绝对不是女人全部的畅销元素。

胖女人能给男人带来福气

女人的身材,是个老命题。

在人人争当清汤排骨的时代,粉蒸肉已经越来越少,全是人为的功劳。服装店里的韩版服装越来越多,窄小的尺寸绝对挑战女人的腰身,连衣服都变得挑剔,一个"瘦"字似乎代表了女人所有的美。

盈盈不足一握的纤腰弱腕,几乎成了"仙女"的代名词。更加可以理解:为何病恹恹的林黛玉如此受后世人的追捧。谁让人家瘦得可怜!

回到现实生活中，不是这么回事了。

总有女人不服气："看看那些成功男人，身边带出来的老婆莫不一个个四肢粗壮五官平凡。他们难道瞎了眼，看不见我们这些窈窕美人？"

不是他们看不见，而是男人眼里，女人不单单是用来看的。

中国古代小说中，常有描写挑选女人的准则：女人分中看的和中用的两类。中看不一定中用，中用不一定中看。

中看的有"三宜"：宜瘦不宜肥，宜小不宜大，宜娇怯不宜强健；中用的恰好相反：宜肥不宜瘦，宜大不宜小，宜强健不宜娇怯。

这就是男人的眼光，美女是用来欣赏的，未必是用来过日子的，娶老婆也如同买家具，结实耐用是硬道理。结婚前，可以你瞧我看。结婚后，必然你拥我抱，睡在一张床上。黑暗中，谁也不想天天搂着竹竿石板硌一身骨头疼。

一对夫妻一天二十四小时，除去上班，大部分时间都在床上度过，中用的确比中看来得实惠。

于是不难理解，那么多成功男士不娶窈窕美女为妻，却让相貌平凡、身材丰硕的女人相伴枕席。

除去舒服的硬道理，另一个原因则是：越是成功的男人越重视"福气"，而相学中最重要的一条：太瘦的女人不能聚福，骨肉丰匀才是宜夫宜家相。

　　都说男人喜欢性感的女人，但与性感的女人比起来，男人更喜欢肉感的女人。男人也懂得这样的科学：常年节食体形消瘦的女人往往缺乏性欲。

　　男人不是高雅的动物，始终认为：性比爱更重要。胖上三五斤，看上去舒服，摸上去更舒服。

　　结婚前，可以瘦一点；结婚后，尽量胖一些。身体是本钱，不光老人认这样的道理，男人也是一样。

　　想嫁到好男人，不一定非要让自己变得更美，可以让自己变得更畅销。但是，瘦，绝对不是女人全部的畅销元素。　（苏芩）

优秀的好男人,是好女人打造的

女人的温柔永远是征服男人最大的武器,唠叨或是凶悍,都只会把男人从自己的身边推得越来越远。

男人是女人调教出来的

女人的过人之处,在于她能够调教男人。好男人和坏男人,都是女人调教出来的。

不同的是,调教一个好男人,只要一个好女人就行,而调教一个坏男人,则需一群坏女人。

俗话说:"男怕入错行,女怕嫁错郎。"对女人来说,嫁人无疑是人生的一大转变。其实对于男人来说,结婚同样带来很大的变化,只是不像女人一样,从一个熟悉的环境到另一个环境的不适应。

一说到婚姻,我们就会想到责任与义务,男女双方因相爱而用一张证书来延续未来的生活,可是很多婚前看不到的东西却会在婚后变成一种困扰。

有人说:"婚前睁大一双眼,婚后闭上一只眼。"只因为结婚之后的心态会发生很大的变化,如果不是令人无法忍受的情况,大多不会选择离婚收场。

娶个什么妻子也经常影响男人未来的事业以及人际,通情达理的老婆,或者她并不美丽,却可以让男人有一种依赖的感觉,回到家里可以充分地放松,养足精神在第二天继续"冲刺"。如果娶个任性蛮横的老婆,男人就会慢慢失去耐心。

要知道,女人的温柔永远是征服男人最大的武器,唠叨或是凶悍,都只会把男人从自己的身边推得越来越远。再甚至娶个好吃懒做、虚荣好胜的老婆,这个男人就等同于走进地狱般无奈了,慢慢地情愿在外流浪,也不喜欢回家。

女人如果不能贤良淑德,也不要贪图安逸;如果不能温柔体贴,也不要蛮不讲理;如果不能独立自主,也不要当寄生虫。

婚姻是需要彼此包容的,即使不能帮助男人的事业更上一层楼,也不要成了男人事业上的阻碍。女人的虚荣不是错,但是过分的追求会让人害怕,如果因为自身的品德原因而遭遇到男人的嫌弃,那真是这个女人的失败。(淡淡白云)

女人千万不要试图去抓住男人，抓住男人的人远远不如得到男人的心稳妥。人前教子、人后教夫，男人活着不光为了金钱，更重要的是为了面子。

女人的性格，决定了男人的财富

女人的性格是天生的，但可以因为男人和家庭而做改变；男人的财富是需要努力争取的，但会因为女人而发生"质"和"量"的改变。

女人千万记住，管出来的男人嘴服，疼出来的男人心服。男人是用来疼的，时时处处不要总想着治男人，和其他女人在一起也不要讨论自己的男人如何不好。

女人千万记住，不可以改变他，你可以影响他。

男人的天性是懒,天性是不太干净,你不能总是要求他回家后做这做那,给你捎这带那。极小的事情也让他去办,这样会分散男人在外工作的精力,增加他思想上的压力。

男人在回家后,你不要忙于离开家。他回家里最希望看到的是你,最希望听到的是你的声音,希望和你沟通,并不希望听你唠叨。

女人不要把怀疑当成自己的判断。有些事不是你想象的情况,你以想象的情况来对自己的男人下判决书,是对男人的沉重打击,也是对自己的不自信。

女人任何情况下不要做刺猬。如果女人经常做刺猬,男人不会主动与你亲近的,刺猬和小狗无法谈恋爱,就像火和草一样无法在一起。

女人不要抱怨自己的男人,更不能骂自己的男人。抱怨自己的男人使自己更加得不到满足,骂自己的男人更是不分是非远近。力的作用是相互的,经常骂自己的男人会得到相反的作用力。

女人千万记住,爱情似流沙,男人不能抓。女人千万不要

优秀的好男人，是好女人打造的

试图去抓住男人，抓住男人的人远远不如得到男人的心稳妥。人前教子、人后教夫，男人活着不光为了金钱，更重要的是为了面子。

女人千万注意，爱男人首先要爱他的爸爸妈妈。没有他的爸爸妈妈，你从哪里能爱上他呢？他怎么会出现让你去爱呢？不要把公婆对自己的态度与自己的爸爸妈妈对自己的态度来比较。

女人千万记住：夫妻合心，其利断金。女人千万不要打破砂锅问到底，有些事男人装在心里是他的策略，也是他工作的策略，并不是非要和你说出来，你才要恍然大悟。你可以用心去体会，但不可费心去理解。在男人面前千万不要事事过问，事事认为自己办得最漂亮。 （佚名）

拥有这样的女子,纵使太阳和星月都冷了,群山草木都衰尽了,婚姻的光芒还能在记忆的最初,在任何可见和不可知的角落,温暖地燃烧着……

女人的素质,决定了男人的地位

一个男人最高的品位就是他选择的女人,妻子决定丈夫未来事业的高度。如果找到那种爱慕虚荣、贪财的女人,就自认倒霉吧。

选择了什么样的女人就等于选择了什么样的人生。《菜根谭云》:"悍妻诟诈,真不若耳聋也!"浓妖不及淡久,婚姻也这样。

人活一辈子,究竟有什么是我们必须要的?真正需要的就是良好的心态和闲适的心情。只有家庭和睦、心态健康的人,才具备闲适的条件。娶一个好女人,就能赋予一个男人闲适的心情。

优秀的好男人,是好女人打造的

好妻子贤惠,这是千古不变的女性美德。说得具体一点,就是要能做饭、洗衣、照顾家人。

好妻子知书达礼,这是新时代对女人与时俱进的要求。一个女人的气质和教养是丰富内心的流露,也是与别人真正拉开距离的所在。

好妻子有思想、有品位。有思想使得她不屑于插足别人之间的闲话,她从来都是个"绝缘体"。有品位,使得她能匠心独具地表达自己的风格。

好妻子懂事。对于男人最重要的是尊严,她可以在家里抨击男人,但不能在公众场合讽刺、嘲笑男人。一个不懂维护丈夫尊严的女人,是很愚蠢的女人。

好妻子有一份稳定的收入。不依附于男人生存的女人才能做到独立,自尊。

好妻子没有过多的物质欲望。应该是汽车坐得,自行车也能骑得,五星级酒店住得,野营的帐篷也不嫌弃,吃得苦中苦,方为人上人。

好妻子天真有一点童趣。一个男人若是真的喜欢一个女人,就应该最大限度地呵护她的纯真。未失童趣的女子,能让漫长枯燥的四目相对，其乐无穷。

好妻子喜欢读书和音乐。经典的书籍和音乐能让岁月与生活的琐碎无法在她的心灵上烙下痕迹。

好妻子有一技之长。有一技之长会使她自得其乐，很好地控制情绪。只要有一定的禀赋加勤奋，倒是要有一种教育的天分，能把孩子教好，似乎更重要。

好妻子有一点浪漫。婚姻生活是一个有颜色、有生息、有动静的世界。

拥有这样的女子，纵使太阳和星月都冷了，群山草木都衰尽了，婚姻的光芒还能在记忆的最初，在任何可见和不可知的角落，温暖地燃烧着……

每个成功男人的背后，总有一个默默支持他的女人！　（武汶妍）

优秀的好男人，是好女人打造的

大多数男人都希望，老婆永远像初恋时一样崇拜自己，把自己捧在天上；而对大多数女人来说，生活是现实而具体的，幸福藏在柴米油盐等琐碎的细节里。

好男人是女人夸出来的

前天，某男性朋友穿了件颜色鲜艳的格子T恤，于是见面时我脱口而出："这件衣服真好看。"万万没有想到的是，一句无心的话，却引起了他的一番感叹。他说，好男人是夸出来的，可惜他老婆并不懂得这句话的含义。

这位朋友年近不惑，"不惑"的事也越来越多。他最不惑的是，曾经的初恋女友、红颜知己，也是和他一起度过"七年之痒"的老婆，怎么会越来越蛮横不讲理，越来越粗俗、不可理喻?

朋友是重情义之人,也是个感情细腻、情绪敏感至极之人。你知道,当一个人,特别是一个男人,在年近40岁的时候还感情细腻而敏感,多数情况下并不是什么好事。果不其然,他和老婆之间的矛盾不断升级。

一次吃饭时,他郁闷地跟我说,无论他做什么,他老婆都不会满意,"永远是唠叨,无休无止的唠叨,还有呵斥,我实在是受够了……"朋友的话匣子一打开,就一发不可收了。我才知道,原来男人也是需要倾诉,需要发发牢骚的。"我知道,她就是嫌我赚的钱少,嫌我是个穷书生。哼,以前还说什么崇拜我啊,要跟我一生一世啊什么的,其实都是骗人的!"

"女人啊,一旦结了婚,就会变得现实,面目狰狞。"天哪,我突然觉得恍如隔世,好像回到《红楼梦》的故事情节里面了。

说实在的,了解越多,我就越不知道如何劝慰这个朋友。隐约之中感到有些痛心,却不知道是因为他还是因为他老婆。

作为女人,其实我很能理解这位文人朋友背后的女人。结婚十余载,如果还要她每天深情款款地说:"亲爱的,我真的好好爱你哦。"相信即便是贾宝玉再世,也消受不了。

优秀的好男人，是好女人打造的

对于生活在凡尘世俗里的男男女女来说，柴米油盐酱醋茶，样样都少不了，更何况，他们还有一个8岁大的女儿，吃、穿、住、行，还有可恶的择校，一大堆的事情等着她去操心。这种情况下，如果还要求她像结婚前那样天真、浪漫、无邪、清纯，那就有些太过分了。

这就是男人和女人的区别。大多数男人都希望，老婆永远像初恋时一样崇拜自己，把自己捧在天上；而对大多数女人来说，生活是现实而具体的，幸福藏在柴米油盐等琐碎的细节里。

只可惜，很多男人不知道女人的心思，很多女人也不明白男人的想法。因此，很多不幸的婚姻就出现了。

在这个"爱"已经被年轻人说得泛滥而苍白的年代，在很多传统的家庭里，缺乏的却往往不是实实在在的爱和温暖，而是把"爱"和"赞美"说出来的勇气和念头。

很长一段时间，我不明白为什么那么多看上去郎才女貌、非常般配的夫妻要闹离婚，不明白为什么有些看上去极不般配的男女却能走到一起，白头偕老！也许正如那句老话所说的：婚姻如鞋子，合不合适只有自己最清楚。

于是，最不会夸奖别人的我，在自己的老公面前，却完全是另外一副德行。我总是恬不知耻地说:"老公,你最疼我的,今天晚上你给我做好吃的吧!""老公,你最勤快了,家里的卫生就交给你了哦!"

就这样,我把颇有大男人主义的老公培养成了一个出得厅堂、入得厨房的好男人。当然,现在的老公只要看到我献媚地笑,就会怒喝一声:"说,又要我帮你做什么?"(黄少华)

|05| 好运的女人
天生能给男人带来

女人是男人的小数点,
她标在他一生的哪一阶段,
往往决定一个男人成为什么样的男人。

> 男人撒起娇来，和儿童希望抱他没有两样，不管年纪多大，男人心底总是藏着那种要人疼爱的欲望。

男人是孩子，心底藏着要人疼爱的欲望

男人永远是孩子，男人本质上是个孩子，做儿子是男人终身都要扮演的角色。

尽管他们一出生就有沉重的心理负担；尽管他们总被强调着"男人"的形象而淡薄了"人"的概念；尽管要求他们刚强，剽悍得如雷贯耳；尽管他们随时准备否认那使他们脆弱的感情需要；尽管他们总是有意无意地在自己周围筑起一道围墙，将他们的依赖性，隐匿在虚张声势的男性虚构中。

但他们毕竟是人，然后才是男人。这使他们人性中的懦弱常常像一截狐狸的尾巴，无论怎样藏、怎样掖，总要偶尔露出来。

即使是石头,在某个层次上看,也是柔软的。这种坚强中的柔软感,使我们相信,即使最刚强的男人心中,也有软弱的纹理。但软弱并不丢人,就像人有喜有悲一样自然。

否则女人也许永远都置身于男性的神话的谎言中,永远都不知道,那个被你理所当然依赖着的男人,骨子里是多么脆弱,多么需要你。不仅需要你的爱情友情,还要亲情。

来看看男人的另一面吧。

有时候,他像个喋喋不休的孩子,下班回来急于把一天发生的大小事说给你听,等你褒奖,等你评议,等你同仇敌忾。

有时候,他像个天真好奇的孩子,异想天开的问题不断,使你应对不暇还附带一些小要求,恳求柔软如孩童。

有时候,他像个娇气的孩子,如同战场上受伤一样,把小病小痛当作一种荣耀的奖赏。

更多的时候,他说不出原因,也许是对世界力不从心的挫败感,也许是工作上纠葛缠绕,也许是情绪上有结无计可解,总之是茫然、无奈、束手无策,苦恼得不知怎么好。

这时候，他也需要哭，尽管眼泪对于一个男人来说，确实是过于秀气的一件事，但某些时该非此不可，因为他们心里已经蓄满泪水。你不让它溢出来，会把他淹死。

男子汉的眼泪一滴一滴都是可穿石，却一点都无损于他男子汉的形象，反而添加了几分人性，你的心都要被它滴穿了。

男人撒起娇来，和儿童希望抱他没有两样。不管年纪多大，男人心底总是藏着那种要人疼爱的欲望。它是一种天性，与生俱来，且一辈子都消失不了。当社会学家、心理学家、医生、法学家一再号召"保护妇女吧"的时候，苏联著名人口学家却提出了"爱惜男人吧"的口号。

一系列让人触目惊心的数据，使我们不得不对男性重新认识：男性的生命要比女性脆弱得多，男性的生存环境要比女性困难得多。女人因为被称作"弱者"而得到了依赖的权利，男人却因为被称作"强者"，连偶尔软弱一下的资格也被剥夺。

强者也有软弱的时刻，这时刻的男人却必须做假，戴上面具，躲进躯壳，独自饮泣。

一个好女人，一个真正意义上的女人，当爱人不得已展示了他的另一面，应该感到幸福和珍视。因为，一个男人有勇气在你面前卸除盔甲、表现脆弱,是极其珍贵的,那是他对你的依赖、信任与看重。

一个好女人,在这时应该散发出母性的光辉、舐犊的意识。宁愿把他的病痛、烦恼都放在自己身上,只希望保护他,让他在这世上永远不再受委屈,不再受任何侵犯。

男人也需要安全感,你要让他知道,随时随地,只要他需要,只要他回一回头,你都等在这里,你温柔的拥抱在永远守候着他。

一个好女人,也绝不会在事后把男人的软弱翻出来,当作取笑的材料或茶余饭后的谈资。这是一件很庄严的事,男人最不能忍受自己的灵魂剥成一条裸虾的感觉,其实,是人都无法忍受。

成功的女人,应该同时是她丈夫的情人、朋友、女儿和母亲。一个母性淡薄的人,也许会是好主妇,但绝不会是个好妻子,就因为男人永远是孩子。(金美丽)

这些安安静静随时守分的女人,更让男人感到熨帖自若、爽心悦目。她们在淡泊中体现的柔情,在矜持中显示的神秘,会让男人在温和的抚爱中渐渐沉沉睡去……

南方女人和北方女人

南方女人,安静淡恬、柔媚可人,闺秀型居多。你一视之下,那白皙的肤色、玲珑的身姿、柔婉的话语,那些人世间生活的审美愉悦是一下子就可以感觉到的。

她们更多地体现了一种家园与秩序,是和平之域的使者,是歌舞升平岁月的象征,她们让人记起安宁和谐。她们更像一个吟诵着生活甜美韵律,口中衔着橄榄枝的白色鸽子。

你看到这样的女人,心开始变得安静,没有焦灼,内心渐渐平复。这些安安静静随时守分的女人,更让男人感到熨帖自若、爽心悦目。她们在淡泊中体现出柔情，在矜持中显示出神秘，会让男人在温和的抚爱中渐渐沉沉睡去……

南方女人清高冷傲，也慵懒缱绻，她们的确在熄灭某种热忱与激情。她们也有怏怏不快的时候，但她们分寸适当，在她们身上，那种野性的如烈焰般激动人心又摧毁人心的壮阔不已的情怀已是很少见到。她们更多的是被文明的礼仪风范所规定的秩序中人。

而北方女人则禀赋了奔放、热情、粗粝、爽朗的个性。北方女人的所有长处和优点，在开初并不是豁然呈现的，她们必须在你走进这灵魂以后，才会逐渐了解与发现。

这是一颗什么样的灵魂！灵魂中充满了暴风骤雨，并且充满大胆的热情的渴望。你进入这灵魂，你将会为之久久吸引……

北方贫瘠的土地和苦寂的岁月，孕育了她们分外的多情与热烈，那在匮乏之中升腾起的渴望、感觉及想象力，已穿越地表而入深奥。

北方女人在和平的日子里，她不属于秩序与规范，她的骚动不安也惹人心烦。但是，在男人濒临困境险厄艰辛的日子，这女人身上则迸射出无私的牺牲、崇高的爱等炙人的火花。

北方女人是男人在筚路蓝缕中帮男人打江山的女人。她们仿佛是专为承担噩运而来。在秩序中，她们难以安生，而在动荡的日子则激扬焕发出她们憎爱分明的感情。

她们会在这时不计代价地为受伤者揩净身上的血痕，会用温热的双手捂着你的伤口，然后扶你上路。

在男人受伤的日子、困窘的日子里，北方女人感人肺腑的爱才冉冉升起。北方女人，她们更需要战斗的洗礼，在激情亢奋中证明自己的个性与价值。她们爱则爱切，热辣辣不顾一切地去爱；恨则恨深，恨不能将一切撕成碎片。她们需要极端，她们不要中庸。

北方女人需要靠在男人的肩头歇息，是因为这个男人比她们更有力量，让她们放心；或者，她们径直走来，自己去扶助受伤者，她们自己品咂在仁慈宽宥的抚爱中那如圣母般的情感。
（艾云）

女人是男人的家,男人结婚叫成家。也就是说男人有了女人,就有了家。

女人是男人的家

女人是男人的家,男人结婚叫成家。也就是说男人有了女人,就有了家。

男人丧妻叫失家。也就是说男人失去了妻子,就失去了家。

如果说男人是一艘在生活之海搏击风浪的航船,那么家就是男人归航后避风和休憩的港湾。

男人有累的时候。男人累时,需要在女人的臂弯里休憩,打起如雷的鼾声,在梦乡里露出幸福的微笑。

男人在外打拼有受伤的时候。男人受伤的时候，需要女人精心的呵护，用爱的柔情去抚慰他的伤口，轻轻舔去他身心的疼痛。

男人并不是都时刻坚强，也有脆弱的时候。男人脆弱的时候，需要女人用关心和鼓励去增强他的自信，为他扬起出航的风帆。

撒娇并不只是女人的专利，男人有时候也需要在女人面前撒撒娇，希望得到女人的娇宠和疼爱。

男人需要一个温馨的家。家庭和谐了，男人回到家就心情愉悦舒畅，再次远航也会信心百倍、满怀希望。

如果回到家遇到的是冰锅冷灶，是冰冷冷的脸，男人就会心灰意懒，如霜打了的秧苗一样，蔫蔫的仿佛抽去了筋似的。如果回到家里，遭遇电闪雷鸣、狂风暴雨，那他就只好逃离了。

男人也有缺点和不足，也有犯错的时候，这时需要女人的宽容和谅解。如果男人犯了错，女人喋喋不休、指责漫骂，不但起不到教育男人的作用，还可能逼使男人犯更多的错。

俗话说："男人是个耙耙，女人是个匣匣，不怕耙耙没齿，只怕匣匣没底。"我想，这句话有两层含义，一是男人在外打拼，挣的钱要交给女人保管,女人则要计划着花;二是女人这个"匣匣"也就是她的心里要知足,如果女人心底不知足,男人只能沦为挣钱的机器,或者女人的奴隶,终会被钱财所累,直至累得精疲力竭、伤病缠身。

有人说,一个成功男人的背后,一定有一个默默无闻无私奉献的妻子。也就是说,妻子是男人的坚强后盾,如果男人在前方冲锋陷阵,而后方空虚缺乏有力的支持,男人的奋斗就会弹尽粮绝,灰心泄气,最后以失败告终。

女人是男人的家,是男人的心系想念为之向往的地方。失去女人的男人,就会绕树三匝,无枝可依。没有一个好家的男人,就会心灵烦躁、寝食无味,就会心怀他想、魂不守舍,甚至有"家"不归。

女人啊,请给男人营造一个安稳温馨的家吧!不论贫富贵贱,好女人,永远都是男人的定心石,都是男人的好家。 (佚名)

稳重、有品位的女人的品位就在于懂你、欣赏你,可以和你同甘苦、共患难,理解并深悟只有两个人的共同奋斗才是美好幸福生活的开始。她之所以有这样的气度和品味,是因为她爱你。

天生能给男人带来福气的女人

有男人和女人生活的地方,便会有爱情;有爱情的地方,就会有一道看不见的强劲电流产生在男女的精神和肉体之间。

爱情能给我们带来明朗的快乐,也能给我们造成深沉的痛苦。这就是爱的力量,她有虔诚,也有庸俗;有倾慕,也有厌恶;有兴高采烈,也有沮丧颓唐,她是人类精神的一种最深沉的冲动。

费尔巴哈说:"爱就是成为一个人。"对于男人来说,要修炼并达到费尔巴哈所说的境界,关键是要身边有一个贤淑温柔、善解人意的好女人,要避免"遇人不淑",因为好男人是有好女人扶助、关注、欣赏、修剪造就的。没有好女人，哪来的好男人？

　　纯粹、有一定生活阅历的知性女人能给男人带来福气。和所有成熟的女人一样，她笑过，也哭过；快乐过，也痛苦过；爱过，也迷惘过。正是因为有过这样的阅历和经历，她比那种肤浅、矫情、浅薄、无知、花蝴蝶似的女人更多内涵、纯粹、温和、知性、包容、智慧、自信和稳健。

　　稳重、有品位的女人能给男人带来福气。精神追求高于物质追求，不一定读书破万卷，但有思想、有品位，远离了庸俗、浅薄、轻浮的秉性，非常注重内心的交流和感受，并拥有不同于常人的审美个性和处世原则。

　　同样，她也食人间烟火，还不至于清高到连爱情也需要衣食住行的道理都不懂。不同的是，她更懂得"小女子爱财，取之有道"。

　　固然，不想当元帅的士兵不是好士兵，但不是所有的士兵都能成为拿破仑；自然，赚不到钱的男人算不上是成功的男人，但不是所有的男人都能成为李嘉诚和比尔·盖茨。

　　稳重的女人懂这个道、明这个理。在你奋进的路上，她会以欣赏的目光关爱你、注目你，连同她自己的努力、扶助、支持和信任一并交给你，无论成败与否，她不会过于苛求你，也不会无理地责难你。

爱，可以打捞出温暖，也可以包容男人的好和不好，因为爱在爱中满足了。当然，任何事物都是在变化的，同样情感和爱情也一样。

知性女人的好就在于懂得即便是有一天要离开你，那也不是以伤害你的方式，她走的时候，会把尊严留给你。有这样的知己在身边，做男人的虽败犹荣。

平和、不贪婪的女人能给男人带来福气。遇上这样的女人是男人的福气。不贪婪的女人心态比较平和且容易知足，她深知柔软的内心比沉重的物质更重要。在今天，这是一种难得的、非常可贵的品质。

因淡泊明志，不唯利是图。她能应对生活中出现的各种挑战和诱惑，她不会轻易见利忘义、见财忘情，更不会对身陷困境的爱人拒之千里、落井下石。

和你在一起，灿烂时，平和、不贪婪的女人会为你的辉煌骄傲；落魄时，她会为你的失意鼓劲。爱你，就是接纳你；选择和你在一起，便是选择了幸福、快乐、满足连同贫穷、苦难和艰辛。

但要切记,她不选择失望,如果你是一个真男人,就不要令她失望,因为失望的情绪最容易击倒一个女人,特别是一个好女人。你可以丑陋,也可以贫穷,但你就是不可以令她失望,因为,希望对于一个平和、不贪婪的女人来说意味着一切!

真挚、豁达的女人能给男人带来福气。在不断参悟人生,历练、修剪、完善自己的同时,也在不断地修剪、赏识、完善着你。同时,还能把真情、豁达和快乐传递给你。她不苛刻、明事理、晓人情、不挑三拣四。

更多的时候,她希望你能活得快乐、开心、率真、坦诚和尊严,因为她的眼里能盛得下你的平庸、失意和落魄。

贤淑、善解人意的女人能给男人带来福气。和她在一起你会有一种如沐春风的爽朗和快感,在她面前你是放松的、快乐的、真性的、孩子气的,你用不着刻意地去伪装一副豪气冲天、气吞山河的样子。

你的疲惫、沉重、烦恼、失意、懊悔、浮躁、压力、劳苦,通通被她的善解人意一揽子收进她的贤淑里。她既是水,能溶化你;又是火,可以燃烧你,她的魅力指数就在于"最是那一低头的温柔"。(佚名)

女人独有的亲和力是快速征服男人的武器,这种亲和力叫作尊重内心、不俗不媚、宽容随和、通情达理。

什么样的女人是有福气的女人

没有十全十美的人,但凡女人有一些杰出的品质,她就是有福气的女人。

有福气的女人生活细致。没有人相信粗心的女人能把一家人的生活打理得有滋有味。越细致的女人,日子过得越悠然。细致,并不等于只知道自己泡香熏 SPA、敷面膜,出门衣着得体、妆容不俗,转过身对男人却总是"工作够不够好、负担够不够少、钱夹够不够饱"的算计。

真正细致的女人,会把家人生活质量放在心里,不仅是解决家庭矛盾的高手，而且谋事周全、眼光长远，在家庭财政计划上也懂得量入为出，把钱用在刀刃上，让男人有"相知相助"的温暖感觉。

有福气的女人懂得包容。在压力当道的社会，每个男人都像匹长途奔腾的马，没有终点，只有长路。当他下班后，躺在沙发里不想动弹；当他周末晚上跟同事泡吧；当星期天的早上，他死活不肯起来吃早餐……

女人是否具有包容的能力，将直接决定夫妻生活的去向。但包容不是忍让，这跟女人的修养有关。女人的包容是一种温柔的凝聚力，会让女人更加自信，让男人懂得责任，让生活更加和谐。

有福气的女人很善良。每个人心中都有一束善良的火苗，当物欲越来越左右着人们的价值取向，女人的善良品质在男人眼里也显得愈发珍贵。当感情遭遇伤害，向善的女人不是不会自卫和争夺，而是不愿意让更多的人受伤。

善良的女人不一定有很深的涵养，但一定有母仪天下的胸怀，她们会牺牲自己的利益成全他人，但不会失算地让自己委曲求全。善良这种品质，来自女人内心的纯洁。

有福气的女人很乐观。愉快跟不愉快的回忆，如同一个硬币的两面，存在于我们的每一段情感里。就像那个著名的"蝴蝶效应"，如果你经常记得不愉快的人、不愉快的事，生活就跟着变得不愉快起来。相反，有些女人能在跟老公吵架的时想起他求婚时的表情、他怀抱的温暖，然后把"吵"变成一种乐观积极的沟通方式。

这样的女人即便是面临命运的不测风云，也不会唉声叹气，而会当它是动力，面带微笑、坦然自处。男人有乐观女人的相伴，一生都将阳光灿烂。

有福气的女人懂得悲悯。婚姻是以爱为基础的人生契约，很多时候，一方的中途毁约不是因为不爱，而是因为不得不选择结束。结束的理由也不是因为这个人有多坏，而是每个人都有不可战胜的弱点。

在爱情中有悲悯气质的女子，对人性的弱点有她特有的同情有理解。这样的女人，无论身处何时何地，都有一种拯救和温暖心灵的力量。

有福气的女人有亲和力。女人的出身、学历、相貌，或者她表现出来的尊贵、矜持、冷傲……这些可以或不可以在"美丽学堂"里修来的功夫，已经不是女人提升身价的砝码。过日子的男人钟情的还是有女人味的女人，那就是女人的亲和力。

骨子里没有谦逊品质的女人，那是表象的亲和，不仅让人感受不到温暖，还会让人觉得虚伪。

在两性交往中，女人独有的亲和力是快速征服男人的武器，这种亲和力叫作尊重内心、不俗不媚、宽容随和、通情达理。

有福气的女人懂得坚守。数年的情敌不过一夜诱惑，"一起打拼"在"不劳而获"面前丢盔卸甲。爱情似乎已不再是美好的信念，就像换个手提包一样可以轻易被遗弃，而女人还在要求男人是潜力股、绩优股或者成长股……

要知道，任何时候，懂得坚守爱情的女子必定有一颗爱的心，藤蔓一样柔韧的性格。

这样的女人才会令男人念念不忘、痴心不改。但是对于朝三暮四、经常拈花惹草、屡教不改的花心老公也不能委曲求全地一味坚守，该撒手的也得撒手。撒手是让花心老公知道，女人也有自尊。（佚名）

如果一段感情并不会让你的生活变得更好，不会让你变得更漂亮、笑起来更美丽，甚至你身边的朋友不会为你开心、为你祝福，那么这一段关系一定不会真正长久。

对的人，会让你更美好

恋爱本来就要谈开心的，如果一段恋爱、一个人会让你不开心不快乐，那么，又何必谈这场恋爱呢？

说来简单，但是真的陷在一段不健康的感情里，很少有人能够理性地思考。所以许多女孩总是问着我一些"她们早已经知道答案"的问题："他很花心，我要怎么改变他？""他原来已经有女朋友了，我该怎么办？""他会有暴力行为或限制我的自由，我要怎么跟他沟通？""我的男友很爱跟我吵架，我还要跟他在一起吗？"其实，问问题的人都已经知道对方的问题：对方不适合自己。但是她们明知问题在哪儿,也知道无法改变,那么,为什么要浪费时间在一段不美好的关系让自己过得不开心呢?

如果一段感情并不会让你的生活变得更好,不会让你变得更漂亮、笑起来更美丽,甚至你身边的朋友不会为你开心、为你祝福,那么这一段关系一定不会真正长久。就算你花了很多青春去赌这一把,最后的结果还是会告诉你,当初你的直觉(这段关系不会长久)是对的。

因为,一个不会让你的生活变得更快乐、不会让你变得更好的人,绝对不是对的人。

所以,不是去找一个比较好的人,而是找一个能让你变得更好的人。

我们在寻找相爱的对象,要找一个能够让你变得更好的人,你因为跟他在一起之后,生活变得更丰富,得到更多成长,交到更多好朋友,学到了更多以前没有的兴趣,培养了自己更多专长。他是一个会鼓励你、赞美你,给你支持和力量的人,那么,这才是一个"对"的人。

相反的,很多人的恋爱谈得很悲惨,仿佛在演悲剧女主角,为了男朋友,失去了朋友,丢了课业,缩小了自己的生活圈,甚至变得没有自信,没有了对方不能活,到最后甚至失去了自尊和对方在一起,忍受那些不公平不尊重的待遇,只为了谈一场没有营养的恋爱。那么,未来分手后,你一定会很后悔当初为何要跟他在一起。

　　当然,每个人都曾在爱情路上跌过跤、犯过错。不过,聪明的女孩会知道错过一次就不会再错,人生不能花太多时间成本在鬼遮眼的爱情上。否则,最后赔上的,也只是你的青春!
　　找一个能让你变得更好的人,让你更有自信的人,这样的爱情才有益身心,令人心旷神怡啊。(女王)

06
男人要去懂女人，女人才能变得更好

希望每一个男人都能够好好珍惜陪伴在你身边的女人，
她们为你付出过，不求回报，
却希望你们能够读懂，
能够牵着她们的手坚定地走下去。
不要让爱你的女人流泪、伤心，
因为女人一旦真爱了，
失去她爱着的人，
就意味着失去了整个世界。

女人是感性的,哪怕只是男人一抬手的温柔,她也能牢记于心。她唯一能给他的回报,一定是要做得比从前更好。

聪明的男人像发现宝藏一样对待女人

好女人都是好男人打造出来的,极品女人则是聪明男人的杰作。

聪明男人会赞美。赞美虽说不费力气,张嘴就来,可甜言蜜语水分多了,就显得没有诚意。别把女人当无知的小傻瓜,有根有据的赞美和敷衍了事的马屁,她们还是分得清的……

赞美自己心爱的女人对任何男人来说都不是难题,但是,没有分寸没有原则的赞美,只会让女人自负或自恋。因此,赞美就如一件裙装,好看但未必适合每个女人。男人要将赞美准确送达,也需要独到的眼光。

当一个男人总是像发现宝藏一样看到女人身上的优点，久而久之，女人身上闪亮的东西就真的被挖掘出来了。

聪明男人也会挑刺。挑刺是最需要智慧和勇气的一招。力度不够，于女人无益，落成空招；过分了，又成了鸡蛋里挑骨头，充满了恶意，让女人怀疑你的动机。挑刺，也就是指出女人的不足之处，这对和女人朝夕相处的男人来讲，太容易不过了。

她胖了，瘦了，脸上长斑了，小肚鸡肠了，等等，都可以成为男人心头的一根刺。不过，聪明男人却不会这样挑刺，把女人刺得不知所措。他们很谨慎，对挑刺有自己独到的见解。对他们而言，挑刺并非意味着不满意，而是替她考虑，指出她的不足，帮助她进一步修炼提高。

聪明男人懂得体贴。体贴是最温柔的一招，此时无声胜有声。男人的温柔体贴，显得难能可贵，且容易让女人中招。

男人的体贴，有如轻风拂面的温暖，这种体贴不同于赞美，只消动动嘴即可达到效果，它是身体力行的一个过程，需要费心费力。

当她情绪正处于低谷时，男人一个深情的拥抱，比起喋喋不休的询问更好；面对她工作上的不顺利，陪着她一起找原因；她深夜加班，静静地端上一杯牛奶；她失意的日子，主动扛过家务，带她去吃一顿美餐……

女人是感性的，哪怕只是男人一抬手的温柔，她也能牢记于心。她唯一能给他的回报，一定是要做得比从前更好。

聪明男人会发挥榜样的作用。找榜样，这是最有说服力的一招。能够靠你的影响力把她塑造成优秀的女人，说明你也是个优秀的男人。这一招，是夫妻二人双赢的一招。

榜样的力量是无穷的，这句话用在哪里都适合。男女间的优秀特质具备共性，而且男人某些独具的人格魅力复制到女人身上后，更会使女人的魅力加分不少。例如，男人的大度、理性，男人的乐观开朗，男人的远见，男人的处变不惊，等等。

男人以身作则，展现优秀一面，对女人而言，是压力，更是激励。（佚名）

青春和漂亮，拴不住男人的心。男人要的，是能刺激心灵的东西。

女人的美离不开男人的色

男人的好色，也是从某些方面证明了女人的魅力。一个没有吸引力的女人，是提不起男人的性趣的。男人，虽然是下半身思考问题的动物，但是，在选择食物之前，都是聪明的。我们可以不相信男人所说的承诺和谎言，但是，我们不能否定男人在寻觅猎物的过程中的聪慧。

成年的女人，是有气质有魅力的，但是她们自身性激素和代谢功能却开始下降，也只有男人的关爱，能给她们形、色、韵三位一体的光彩照人风情万种。如果没有爱情滋润的半老徐娘，她还能风韵犹存吗？

女人，靠什么留住美丽？

有人回答，化妆品。可是化妆以后的脸，还是你自己吗？夜深人静的时候，面对卸妆以后的那个人，你还认识吗？

更有许多的美食养颜。女人的爱情里面，美丽是一种本钱。

美丽不是简单的漂亮。一个男人，会喜欢二十岁的女孩，但是，他却会疯狂地痴迷三十岁女人的身体和味道。这就是不同。青春和漂亮，拴不住男人的心，男人要的，是能刺激心灵的东西。

对于女人来说，明里好色的男人，也算明刀明枪地求爱吧。至少，来得正经，比那些假装斯文却形同禽兽的阴暗男人相比，两相权衡，只要这个好色男人是真心喜欢这女人，那么他就比后一种可靠，起码这样的男人色而不淫、光明磊落。

如果一个女人，你心仪的男人是个好色的男人，这样也没有什么不好，只要他色而不淫。他会关注你身体以外的需求，他看过各种各样的女人，了解女人的品位和时尚需求，还有男人眼中哪些女人更迷人，他会指导你穿衣打扮，让你更亮丽。

男人，也只有好色，才能对女人的需求了解，无论是生理还是心理。毫无疑问，身边有个好色男人，也是给女人请了一个心理医生，还是最佳形象顾问。

不过，色也有底线，太色了的，那就是下流了。色是需要一种品味的，如东施效颦一般的色，会让人厌恶。美术课上，面对裸体的美女模特，欣赏她的美丽而没有不堪的念头；面对泳装美女，他在欣赏的同时，能懂得评价。这才是好色好男人。

所以，男人，色吧，不是罪。色得有底线有品位，风流而不下流的男人，也是好男儿。（纪凯）

> 未出嫁的姑娘，就像苗圃里的树苗，一个个俊俏挺拔。出嫁了，与一个男人终日厮守，男人就成了女人的气候、土壤。

女人的美丽是男人滋润出来的

对于女人来说，相貌长成什么样，自己只能负一半的责任，另一半则应由男人来负。

未出嫁的姑娘，就像苗圃里的树苗，一个个俊俏挺拔。出嫁了，与一个男人终日厮守，男人就成了女人的气候、土壤。

男人脾气暴，整日不是狂风暴雨，就是"零下一度"，女人一定憔悴无光；男人修养高，日照朗朗，和风细雨，女人一定被滋润得面若桃花，热情奔放。养颜乃养性，好男人让女人心境好，心态好，心灵好。

男人要去懂女人，女人才能变得更好

我们总是追求我们所爱。一个女人爱上什么样的男人，她往往就会变成一个什么样的人，所谓"跟好人学好人"。所以，女人如果不够美丽，男人至少要负一半的责任。

一个本来温顺的女人越来越泼辣，一定是她的男人不争气，逼得她不得不出头。

一个本来纯情的女人越来越妖艳，一定是她的男人太窝囊，她只好移情别恋。

一个本来清高的女人越来越恶俗，一定是她的男人档次不高，她"近墨者黑"。

相反，一个本来很一般的女人，相貌越来越可爱，眼睛越来越灵光，说话越来越文雅，举手投足越来越有风度——不用说，她有一个好男人。

男人千万不要以为美与丑只是女人的事。她长得美丽，你有一半的功劳；她不好看，你也有一半的过错。

女人生来就是被男人宠、男人爱，要男人去呵护的。（张钰）

> 比起男人来，女人更爱怀旧，每个恋人就像一首熟悉的歌曲，人走了，茶凉了，可记忆还在绕梁三日。

男人，你知道女人为什么总想念旧情人

比起男人来，女人更爱怀旧，每个恋人就像一首熟悉的歌曲，人走了，茶凉了，可记忆还在绕梁三日。

在女人眼里，每个曾经拥有过的男人都是那么不同，在不同的男人那里，自己也就变成了不同的女人，有过几次恋情就相当于活过几次，女人的心就是这样变老的。

女人通常是感情用事的。一个爱过她的男人在她心目中的形象是不会改变的，他不会变老、不会变心。所以，每当女人在现实的感情生活中遇到不顺利的时候，她都会想念那些旧情人。

为什么女人愿意见到旧情人?

可能是，在偶然的机会想起了他，而他的电话号码又很容易地找到了。这样做的好处是满足了自我的好奇心和虚荣心，因为他依然记得那些多年前的往事。而坏处是这样的重逢一次就够了，千万不要滥用，否则连美好的回忆也难保住。其实，每个人心里都明白：过去的一切永远不会再回来了。

可能是，因为他曾经说过，如果愿意，随时可以拨他的手机号码。这样做的好处是在男人的眼泪里，女人的虚荣心得到满足。

安慰一颗受伤的心是所有女人都愿意做的事。而坏处是男人比我们所认为的要健忘得多，而且记仇。

当他心中的创痛平复的时候，你在他心目中的形象和地位也就完全改变了。当你还在用充满歉疚和关怀的语气给他打电话的时候，他也许心里在嘟囔：这个女人够烦的，总是不知道自己所处的正确位置。

可能是，女人给旧情人打电话，是为了邀请他来参加她的生日派对，这只是一个天大的借口。女人希望重见旧情人，但单独约见会让她觉得尴尬，也不知对方是不是愿意接受这样的约会，所以她愿意用一些重要纪念日的聚会做借口，让旧情人和众人一起出现。

这样做的好处是满足了女人的虚荣心,他依然愿意接受我们的邀请。而坏处是很显然他开始后悔来参加这个派对了,下次你的邀请他可就没有这么容易接受了。

可能是他们之前的分手是无奈的。为什么明明相爱,到最后还是要分开?这段恋情是女人心中永远的痛,她认定他是这个世界上最适合她的人。现在客观环境改变了,是不是可以重新开始?

这样做的好处是,女人可以这样认为:他拒绝接听我们的电话是因为他依然在为失去的爱情感到痛心,他没有勇气再次面对我们,再次失去我们。而坏处是,人生是残酷的。我们的愿望往往无法实现。他无情地拒绝我们希望见面的请求。

女人愿意给旧情人打电话,可能是因为觉得他是唯一可以倾诉苦恼的人。向他倾诉自己的烦恼,他不仅仅是一个朋友,在我心目中,他是永远的情人。

这种倾诉最好不要成为一种习惯。要知道他应该有了新的感情生活,如果他总是半夜接到你的倾诉电话,他的现任女友会怎么想?现实一些,不要总沉浸在幻想里。要知道,你已经是他的过去了。

时光有时需要一点小小的倒流,女人永远需要证明爱情可以永恒。在任何时候,给自己创造一个温情的环境都不是女人的罪过。

单身的生活有时是令人难以忍受的。

事实上,跟旧情人相处的最大困难,就是如何理解两人之间已经失败的感情,如何正确看待两人现在的关系。是爱情?还是友情?过分拘泥于过去会从心理上、甚至是实质上毁掉现在的生活。

大多数男人都是不相信两性之间会有友情存在的,他们来见你或者出于还没有熄灭的爱情,或者好奇心,或者不愿拒绝你的好心。女人知道了这一点之后,也许在拨出这个电话的时候会更慎重一点。

回忆之所以美好,就因为它已经过去,不再能够伤害我们。让它们变成现在,就又重新成了一把利剑。(兰州)

那个被她欺负的对象原本也是骄傲的,但是她以爱情的名义却很轻易地俘虏了他,于是他变成了她的勇敢的卫士和忠诚的仆人。

女人一生会遇到三个男人

对一个女人而言,在她的一生中,最好遇到三个男人。

一个是远远地瞻仰她的。

那该是一个暗恋她的人,他总是遥遥地关注她,对她的细碎琐事都在意。五年或十年后,当他遇到她,他居然还能若无其事般说出那一年、那个夏天,她穿的那条蓝色小花的裙子,还有阳光下,她年轻的脸上的笑容。

想一想,她本来一直觉得每个日子都平淡如水,却有一个人将她的点点滴滴默默收藏,悄悄酝酿,一直等到那平淡的水变成了酒,而多年之后她才无意间揭开瓶盖闻到那浓郁那芬芳。

一个是用来被她欺负的。

那个被她欺负的对象原本也是骄傲的,但是她以爱情的名义却很轻易地俘虏了他,于是他变成了她的勇敢的卫士和忠诚的仆人。

于是他在黑夜里送她回家,在大热天跑去为她买冰激凌,在舞会上他虎视眈眈害怕连当仆人也有人来争,害怕失去这个卑微的职业。她的微笑对他最重要,她的叹息能让他心如刀割。她的眼神就是他的指南针,而她的心灵就是他要探索的宝藏。

还有一个是来降伏她的。

她在第一个人面前,是神;在第二个人面前是女王;而在这第三个人面前,她是卑微的女仆。

刚开始,她反抗,她不愿被征服被俘虏,她也绝不愿乖乖地就此投降称臣。可是渐渐地就像那小王子驯服骄傲的狐狸一样,她被驯服了,她心甘情愿地被他占领心田,死心塌地地以他为王。

在她的一生中,不管她多么漂亮,多么才情,多么高贵,如果她的心没被以爱情的名义侵占和俘虏过,那她的人生该是残缺。

作为女人,她将选择与谁来共度人生。她属于哪一类女性,那将取决于其不同的心智和不同的性格。(湛禄)

女人知道太多不该知道的事情，男人不知道太多该知道的事情。于是，你们争吵，你认为她脾气不好，她认为你不够迁就她……于是，你们冷战，你以为她没有完全接受你，她以为你不在乎她……

男人，你真的懂你的女人吗

你可知道，要女人清晨醒来，凌乱地面对一个爱的人，是需要有很大的勇气。

你可知道，当女人被男人脱去自己的衣服，一丝不挂的在他面前，是需要多少的爱。

你可知道，女人为什么会背朝你睡，因为她不喜欢看你的背影，如果你以后抱着她睡，她会安心一整个晚上。

你可知道，女人把每一次的爱情，当作是初恋，也是这辈子最后一个来爱。

你可知道，女人那么爱吃醋不是因为不相信你，而是你在她心中太美好，她不希望这种美好倒映在别的女人眼中。

你可知道，深爱你的女人在冲你发火以后，自己却转身不断啜泣。

你可知道，当女人顶着哭花的脸，走在街上，不管是不是有人在看她时，她的心已经快要死了。

你可知道，她只会对她爱的男人唠叨，也只会对她在乎的人耍性子。

你可知道，她的任性，她的坏脾气，其实都只是在向你撒娇，希望你更重视她。

你可知道，假若她不爱你，她根本不会对你发火，不会希望你去哄她，更不会为你掉眼泪，因为她不爱的人没那本事。

你可知道，当你离开她，留下她独自一人，她有多大的期待和恐惧。

而这一切都只是因为她爱你，而这一切都是因为你还不够懂她。

女人知道太多不该知道的事情，男人不知道太多该知道的事情。于是,你们争吵,你认为她脾气不好,她认为你不够迁就她……于是,你们冷战,你以为她没有完全接受你,她以为你不在乎她……

请给她一个拥抱、一个吻,用你的拥抱你的吻去化解她心里的悲伤和眼角的泪水。因为她只是害怕你的冷漠、转身和安静……

两个深爱的人在一起,就要互相包容、互相理解、互相体谅、互相信任,否则当你们真正失去时将会遗憾终生,否则美好的未来也就在你们自己手中泯灭了!

希望每一个男人都能够好好珍惜陪伴在你身边的女人,她们为你付出过,不求回报,却希望你们能够读懂,能够牵着她们的手坚定地走下去。不要让爱你的女人流泪,不要让她伤心,更不要让她绝望和死心!

因为女人一旦真爱了,失去她爱着的人,就意味着失去了整个世界。(佚名)

请记住,相爱的人不要宣战,因为带来的伤害超出你的预计。也请记住,只要你喜欢她,没什么是你接受不了的,只要你喜欢她,就喜欢她的一切一切。

相爱的人不要宣战

其实很多男人都不知道,女人在冲他们发火后自己却转过身不断啜泣。

其实很多男人都不知道,女人从来不会真正生他们的气,因为她是真的喜欢他在乎他。

其实很多男人都不知道,女人只会对她自己喜欢的男人唠唠叨叨,也只会对自己喜欢的人耍性子。

你要知道,假若她不喜欢你,她根本不会在乎你关心你,她是怕你做错事情。

你要知道，假若她不喜欢你，她根本不会对你发火，不会冲你撒娇，不会让你哄她。因为在别人面前，她都是淑女。

你要知道，假若她不喜欢你，你根本就没有本事让她哭泣，即使让她生气也不会超过两天。

而这一切都只是因为她喜欢你，而这一切都因为你还不够在意她不够懂她……

于是，你们时常争吵，你认为她脾气不好，她认为你不够迁就她；于是，你们总是冷战，你以为她不喜欢你，她以为你不在乎她；于是，你们总莫名其妙地彼此错过，也许擦身而过本身就是一种悲伤着的无奈与幸福……

因为她喜欢你，所以才偶尔冲你发火，时常对你撒娇；因为她喜欢你，所以才会生你的气；而又是因为喜欢你，她才不会去生气那么久。

你可知道，每个女人的心都是水晶做的，晶莹剔透，很容易就碰伤摔碎。

你可知道，每个女人都是不设防的，你那么轻易就闯进她的心，走的时候却只留下伤害！

你从来都不知道,这个世界上根本没有可以让她哭的人,因为真正值得让她哭的那个人根本舍不得让她哭……她会很矜持,她会很骄傲,她会很冷淡,她总是嘴里说着"你走开",心里却一直叫你留下。

请竖起你的耳朵,也请打开你的心,去听她内心真正的呼唤吧,而不是她嘴里的口是心非!她会看着你转身,然后她跟着你转身;当侧身而过的时候,你看不见她的泪,那是滂沱在心里的泪。

如果你喜欢她,请多陪陪她;如果你喜欢她,请多宠宠她;如果你喜欢她,请多让让她……如果你真的喜欢她,请你去听听她内心的声音,那是一种呐喊!请你张开臂膀拥抱她!

在爱情世界里,你们总是彼此伤害着,仿佛这样才能证明自己爱得激烈,爱到轰轰烈烈!

可是,爱情没有孰对孰错,更没有你比我多、我比你少的概念。

你爱她,她爱你,如此就已经足够,不要试图让彼此受伤,让彼此更加脆弱悲伤。

你们彼此相爱需要的是温暖、是幸福、是甜蜜、是快乐,而不是伤害。

不要用沉默宣战,不要互不相让,更不要什么话都不讲就漠然离去。

要知道,当你离去的时候,你的眼睛起了雾,她的眼角泛着泪光……

越是安静,战火就越传,这是冷战,也是彼此的伤害。无论以后怎么去复合,那些伤口是曾经存在的,是你怎么也抹不去的。

请给她一个拥抱,用你的拥抱去化解她心里的悲伤与眼角的泪水。她喜欢你,她绝对不会拒绝你的拥抱,她只会害怕你的冷漠、转身的无声安静。

请记住,相爱的人不要宣战,因为带来的伤害超出你的预计。也请记住,只要你喜欢她,没什么是你接受不了的,只要你喜欢她,就喜欢她的一切一切。那么她所有的小性子、所有的坏脾气、所有的臭毛病在你眼里都是撒娇。

也请记住,她喜欢你,需要的不是你真的转身,她嘴里说着的也不是她真心话。

她只是想你宠她,想你抱她……哪怕,没有道歉。(佚名)

| 07 |
对女人没要求
好男人对自己有要求，

一个好男人会把自己的女人宠得无法无天，
任何男人都受不了她的脾气；
一个坏男人会把自己的女人逼得善解人意，
让每个男人都相见恨晚。

有烦心事的时候,女人需要的是你的耳朵,而不是建议。

好男人用细节赢得女人心

俗话说:"女人的心,秋天的云。"男人常常感到女人的心思变化多端,要想赢得芳心太困难。

聪明的男人在女人不安时给她一个拥抱。女人都欣赏"心细男",当她不安的时候,给她一个拥抱,递上一片纸巾,都是心细体贴的表现,有助于拉近两人的关系。

聪明的男人会绅士地为她开门。心理学家表示,在追求阶段,很多女性希望男士的行为举止具有浪漫的绅士风范,她完全有能力自己挪动椅子或打开车门,但她迟疑的表现其实是期待你的绅士之举。

好男人对自己有要求，对女人没要求

聪明的男人穿上被女人认可和喜欢的男式服饰。从一见钟情到蜜月后的夫妻生活，男人在着装打扮方面都应该了解女方的"胃口"，投其所好。如果她喜欢紧身牛仔服，那就穿紧身牛仔服吧。

此外，一项有趣的心理学研究发现，在女性潜意识中，穿红衣服的男性更有力量、更有魅力、更性感，所以约会时不妨试着穿件红色外套。

聪明的男人会在晴朗的日子进行表白，因为更容易成功。一项新研究发现，在阳光明媚的日子里，女性更容易接受陌生男子的接近和示爱，并会欣然提供手机号码，而在多云的天气里这种可能性明显偏低。

研究还发现，其他一些环境因素有助于人们索要电话号码或表白成功，比如芬芳的气味、浪漫的音乐和某些特定的颜色。

聪明的男人会坦然承认错误。有上进心、有思想和敏感的男性最能抓住女人的心。女人喜欢男人坦然承认自己的错误，并努力改正。

聪明的男人乐于倾听她的感受。有烦心事的时候，女人需要的是你的耳朵，而不是建议。

男人天生爱解决问题,往往爱主动给出建议。然而,女性大多比较感性,爱人的倾听就是加深两人情感的最好方式之一。当然,在倾听过程中,光点头不够,还应四目对视,进行眼神交流,适当表示理解,她会认为你真正懂她。

聪明的男人懂得赞美,夸奖之词多多益善。女人喜欢被夸赞,并且多多益善。如果她穿了一条性感的裙子,或做了新发型,那么就大声赞美她吧,让她心花怒放的同时,你们的关系又近了一层。(佚名)

年轻的女人容易被虚荣所蒙蔽，但在真正的婚姻中，那个能在夜里给你盖上蹬掉的被子的男人才是值得托付一生的男人。

好男人对自己有要求，对女人没要求

台湾有句广告词：认真的女人最美丽。每个人都有选择自己生活方式的权力，但一定要认真，对自己、对工作、对生活，这样的女人就算不是天生丽质，也有一种自信从容的美，只有这样一种美才能和时间对抗，也才是好男人欣赏的类型。玩弄生活玩弄男人的人最终也会被玩弄。

真正的好男人，对自己有要求，对女人没要求。凡是自己对工作得过且过，却对自己的女友有诸多要求的男人，还是敬而远之比较好。这样的男人，婚后变成毒舌男的概率最高。我们姐妹嫁人，最少要求的是被自己的丈夫尊重，认为自己有权利对妻子呼来喝去的男人不是好的结婚对象。

所以女人在嫁人之前，最主要看男人的人品，性格。相似的性格，相似的人生观、金钱观是婚姻生活最好的保障。

个性不同，两个人平日里都说不来，就算是全世界都公认是金童玉女、天生一对，也是不能嫁的，毕竟你的一生中大多数时间是要与他共度的，冷暖自知。

一开始就说配不上你的男人，以后他永远都会配不上你。对一些出色的女生来说，总会遇上一些看似潜力股的男人，你为他改变自己，付出全部。他却说，你对他太好了，他的学历、金钱、能力、地位、相貌等配不上你。

女人在决定托付终身前，要看一看他的家人。不是看他家有多少钱，是看他家家人是不是家庭和睦、关心礼让。一个家人中有男人打女人，大家还不闻不问，装作没看见的家庭，以后也不会管你的死活。

每个家庭都有缺点，要问清自己男友的态度，一味愚忠的男人，心里对妻子的尊重是有限的。

金钱是最能看出一个男人本质和感情的东西。对自己手紧，对女友也手紧的男人没有情趣。对自己手松，对女友手紧的男人一定自私，是最不能嫁的。

女人谈恋爱不是谈钱，但如果男人在钱上让女人感觉不对，就该好好想想他是不是合适你了。在谈恋爱的时候，正常的消费是应该的，见面开始就说清要AA的男人太精于算计，也太怕吃亏了。在未来的婚姻中，有许多需要人牺牲的地方，这样的男人会最先跑掉。

打人的男人不能要，被打一次一定要分手。花心的，脚踩几条船的男人不能要，发现一次一定要分手。老话说了，当断不断，反受其乱。

恋爱中女生要有自己的底线。决不能因为爱他，就放弃自己的尊严，侮辱自己的父母，抛弃自己的工作。好的感情，婚姻一定是双赢，而不是单方面的牺牲和成全。

遇到自己喜欢的男人，一定要勇敢去追。单恋是最伤人的，也是最没有结果的。有什么想法，说出来，不要让男人去猜，能沟通，你的生活会更快乐。不能沟通，说明你们的幸福还没有保证。我想，没有一个男人是以猜女友心思为乐的。为这个原因，失去一个好男人，真的很可惜。

不要一开始就在男人面前做贤惠状。如果他对你的付出心安理得，却不懂回报，他有大男子主义的嫌疑。如果你时间长了，心里放松了，做得没有以前好，他会很受伤，会觉得你骗了他或是你不爱他了。不如一开始，就有分寸地表达爱意，给他表现的机会，让他为你做些事。

在婚姻中，常干家务活、常照顾孩子的男人放弃婚姻的可能性要低得多，也正是因为这个家是他辛苦造就的，他更舍不得放弃。很多花心狠心的男人都有一个最贤惠、无私的女人在默默付出。

因为爱而爱，不是为了一场漂亮的婚礼或是梦想中奢华的生活而爱。一切幸福都需付出代价，但不要让有些代价毁了你的一生。年轻的女人容易被虚荣所蒙蔽，但在真正的婚姻中，那个能在夜里给你盖上蹬掉的被子的男人才是值得托付一生的男人。

要珍惜真正爱你且对你好的男人。好的男人会以真正对你有益的方式对你好，不是纵容你，也不是以爱你的名义束缚你。这样的男人很少，如果遇到了，一定要珍惜。（拇指）

如果一个男人真的爱你，他不会不耐烦，不会说你应该成熟些了……

好男人用行动去爱女人

女人总会问男人你爱我吗，只是因为女人对于爱太需要。如果一个男人真的爱你，他不会不耐烦，不会说你应该成熟些了……那个男人还爱你吗，如果回答是"不"，即使不舍得，也要学会走开……

如果一个男人真的爱你，他的手机会为你 24 小时开机，在你最需要他的时候可以随时找到他，因为他爱你，所以会时时担心你。

如果一个男人真的爱你，他会很自豪地告诉他的朋友与家人你是他最爱的女人，当然并不是时时挂在嘴上，而是用一种行动去告诉别人，你是他最爱的女人！因为有了你他觉得很骄傲，无论你是不是真的很优秀。

如果一个男人真的爱你，他会把除了工作之外的很多时间都给你，当然会偶尔和朋友去聚会，因为他想时时刻刻都看见你。

如果一个男人真的爱你，他会毫不吝啬地给你物质上的付出，因为他觉得他所有辛苦的努力就是为了让你过上很幸福的生活，他爱你，不想让你过得那么艰苦。

如果一个男人真的爱你，他绝对不会骂你，在你很任性的时候任你发泄，当你的任性过去的时候，会很委屈地说："老婆，我又做错什么了？你可以告诉我，我一定改，千万不要生气，那样会把身体气坏的。"

如果一个男人真的爱你，他就不在乎陪你逛街会浪费他多少出去自由的机会，因为他甘愿失去那种所谓的自由。

如果一个男人真的爱你，无论你们在一起多久，都会陪你一起爬山、看海、看星星、看日落，因为他知道你渴望这样的浪漫。

如果一个男人真的爱你，他绝对不会嚷嚷着叫你去减肥，但是这个时候你自己一定要去健康减肥,因为苗条的女人确实可以叫人赏心悦目。因为你的健康是他最关心的。

如果一个男人真的爱你,他在每天很辛苦地工作回到家的时候,会抱着你说:"老婆,我回来了。"他爱你,他绝对不会把不快乐带给你!

如果一个男人真的爱你,他会在清晨上班的时候,亲吻你的眼睛,满足地说:宝贝,我上班去了!"

如果一个男人真的爱你,他绝对不会忍心背叛你,无论出于什么样的动机。因为在他眼里,你是最美的,即便你不是。

如果一个男人真的爱你,他绝对不会以事业忙为借口而推脱你。

如果一个男人真的爱你,他绝对不会一次次把你推向那冰冷的手术台,更不会让你一个人孤孤单单地去走向那冰冷的世界,他会郑重地说:"把我们的宝贝生下来吧!"

如果一个男人真的爱你,他会像爱他家人那样爱你的家人,也会尊重你的亲人和朋友。

如果一个男人真的爱你,他不会不耐烦,不会说你应该成熟些了……(佚名)

语言是份财产,挥霍过多,将变得贫乏。给女人留有想象的余地,等于帮助女人完成了一项美的塑造。男人对女人说得越少,对自己塑造得越接近完美。

好男人用魅力征服女人

男人沉默时,有一种魅力。沉默能制造出距离,距离能给人留有想象的空间。沉默迫使你绕着它翩翩飞翔,但始终飞不出它的无限。沉默表达一种拒绝,但不伤面子和心。

语言简洁的男人,对女人有一种神秘感。语言是件外衣,偶尔披一披,才能留有印象,或被人记住。语言是种信号,发射太多,会造成接收混乱。

语言是份财产,挥霍过多,将变得贫乏。给女人留有想象的余地,等于帮助女人完成了一项美的塑造。男人对女人说得越少，对自己塑造得越接近完美。

果断的男人有一种力度美。果断像男人手中一把利剑，挥起时有一道耀眼的寒光，落下时有一声脆响，在挥起与落下的瞬间，扯不平、剪不断的思路倏然断开。

果断是一种内心的力量，而它的强度往往通过一挥手、一投足、一转身显现出来。

敢于冒险的男人备受女人青睐。险境本身是神秘的，敢于深入险境的男人自然闪烁出神秘的光彩。险境是一个不可预知的世界，敢闯无知世界的男人必定充满自信。一个神秘的、有胆有识的、自信的男人，能不受女人青睐吗？

沉稳的男人给女人一种安全感。沉稳显示一种凝聚的力量，像山、像岩石，让女人感到可依、可靠，能抓得住、摸得着。

沉稳传达着男人内心的控制力与面对现实的把握。沉稳能驱散紧张弥漫的空气，让心跳恢复正常。

站在一个沉稳的男人身旁，哪怕面对险境，女人也能感到踏实，因为女人抓到了把手——男人和他对现实的把握。

女人钟情有幽默感的男人。幽默表现出男人的智慧，女人缺少幽默，但女人不缺少对幽默的痴迷。

女人爱潇洒的男人。潇洒是一种风度,那风度因充满热情、朝气、活力而使人生动,闪烁出光彩。

潇洒是男人的一种形象,但他的吸引力在于生命内在旋律和节奏,女人能从那旋律和节奏里感受出男人的力量。

女人喜欢慷慨的男人。慷慨意味着富有。慷慨的男人也许并不真的富有钱财,但他富有慷慨的精神,他是女人心中真正的富翁。慷慨对女人是一种资助,但女人看见的是一种美德。

女人信赖守诺的男人。诺言不是誓言,但要用生命去实现。信赖守诺的男人,其实女人信赖的是诺言里不变的希望。

女人爱成熟的男人。成熟是男人力量的标志,成熟证明男人具有洞察世界和安排世界的能力。成熟的男人既能够把握和控制自己,也能够把握和驾驭生活。

女人爱成熟的男人,跟着成熟的男人,女人才能真实地感受和体验人生的苦辣酸甜,女人的心才有所寄托、充满活力。　(佚名)

一个好情人的基本品性,是尊重。一个女人,学会找一个尊重她的男人,那么不管在何时何地,他懂得考虑你的权益,就会以你的幸福为前提,他才能给你所要的安全感。

好男人知道尊重女人

问一个没有什么谈恋爱经验的女人,她的理想伴侣要有什么条件,你会发现她们可以开出各式各样的条件,比如:温柔、体贴、有责任感、爱我、孝顺、有钱、有男子气概,或没有不良嗜好、可以养家活口、学历好、身高,有的还希望要有很好的职业:医生、律师,也有人喜欢军人……

谈过恋爱或是踏入婚姻的人就会知道,这些条件再好,一对佳偶还是可以在年久失修后变成一对怨偶;当时爱得死去活来,过不了几年,可能恨得水深火热。温柔体贴可能只是一时的假象。

有责任感的人可能要求你更有责任感,他总会觉得他所负的责任比你的责任沉重而且重要得多。爱你的人,可能用错误的方式爱你,你就好像一块密无孔隙的石头,永远吸收不了他的爱。有些人的爱像台风过后的流水,在滋润你的同时也会带来沙,及沙石的淤积,爱就被嫉妒所占据。

你因为他太孝顺而决定托付终身,在不久的将来,你离开他的理由,和你爱他的理由往往相同。因为他太孝顺了,势必觉得你受到轻视,你只有黯然离开,把他送还他的妈妈。有钱归有钱,你可能用不到,不然,就是卷入了一个大家族。

有男子气概的人,可能生性暴躁,或者凶残。当初他迷人的地方,将来变成一种致命的吸引力。

没有不良嗜好,听起来是个基本条件,但是如果除了没有不良嗜好之外,他就没什么好说的,你极可能会发现他是一个无趣的人,跟他一起过日子,好像永远在喝一碗没有加任何调味料的粥,连个配饭的小菜也没有。

如果你挑的是职业,挑医生、挑律师、挑有为的商人,难免会有一种"悔教夫婿觅封侯"的感慨。他会忙得没有时间陪你,爱情品质常不如你的想象。

当然,以上都是往坏处想,你也可以往好处想,他如果没有时间陪你,你可能获得较多的自由。但在还没认识他之前,你本来就有不受约束的自由。婚姻或爱情,并不只是用来争取自由的。

一个好情人的基本品性,我们都忽略了。幸福的首要条件,到底是什么?

一个好情人的基本品性,是尊重。一个女人,学会找一个尊重她的男人,那么不管在何时何地,他懂得考虑你的权益,就会以你的幸福为前提,他才能给你所要的安全感。他才不会假爱情和婚姻之名,行剥削和迫害之实。会尊重,才懂得信任。

男人必须是一个不会重男轻女的人,才不会把你视为工具。他必须是一个把你和他自己放在同一个天平的人,他应该认为,你不比他重要,但也不比他不重要,懂得尊重你的人生目标,以及生活乐趣。你快乐,他就会开心;他开心,不能造成你不快乐。

一个懂得尊重别人的人,至少是一个脑袋清楚的人,这个时代讲究沟通,要做良性沟通,必得要找个脑袋清楚的人,才可能把问题解决。

幸福的基本条件,其实很简单,是尊重。一个男人要让自己的爱情开出灿烂的桃花结出甜美的果实,他要找到一个懂得尊重别人,尊重自己的女人。

没有了尊重,一切的理想条件,都只是壁画、雕饰、泥土、砖块、水管。如果缺乏支撑屋顶的梁木,爱情便脆弱得不堪一击,更别提遮风避雨。

如果你自己就有观念上的问题,那么反省一下吧,他为什么要把你看得比他要紧?你为什么值得他看重?连你自己都没有办法对自己平等啊。 (刘瑞英)

聪明的男人都不会和自己的女人讲理,女人是用来爱护的,不是用来讲理的,而且,你也讲不出理来。

好男人不和他爱的女人讲理

常常听男人们说希望找一个知书达理的女人做自己的伴侣。情况却往往事与愿违,通常好像是那些知书达理的女人都被别人娶走了,而自己的女人偏偏是最不讲理的。

请别怀疑你的眼光。事实上,别人的女人不过是表面看起来知书达理而已。你的女人对待外人没准比她们做得还好,只是你不是外人,你是她最亲近的人,在你面前,她不想掩饰也没必要掩饰和压抑自己。

女人不讲理的这个特点在你们争吵的时候一定会体现得淋漓

尽致。也许是因为芝麻大点儿的事，你们闹了别扭，起初你们会尝试互相说服。

作为男人，你习惯了逻辑性思维，你认为有理走遍天下。于是你开始摆事实讲道理，并列出一二三条给她听，可是你会发现她根本听不进去，而且还用一大堆不是理由的理由反驳你。如果实在说不过你，她甚至可以耍赖、撒娇，你如果说她不讲理，没准她会直接告诉你："我就是不讲理，怎么了？"

你硬要用理性的思维去说服她，用理性的方法去解决问题，她不会吃你这一套，只能让两个人越吵越凶罢了。

如果你真的想结束这场战争，那么就委屈一些，放低姿态，不是很原则的大事，就别跟女人计较了。你再这么争下去，她没准会说你不爱她呢。你岂不是更没处说理？

我知道男人的心里也许会觉得不平衡，但家是用情而不是用理组成的，本来就不是讲理算账的地方。你不是律师，她也不是法官。

所以，聪明的男人都不会和自己的女人讲理，女人是用来爱护的，不是用来讲理的，而且，你也讲不出理来。（汪侑）

| 08 |
男人的多情,
女人的专情

男人和喜欢的女人在一起的时候,

在他的心里说不定还有一个或更多的"她"存在,因为他多情。

女人却不一样,

当她和喜欢的人在一起的时候,她所想的就是他,她所梦的也是他。

这时,即使有一个比现在的更好的男人出现,

她也不会放弃他的,

因为她的专情。

认识这个世界，男人靠的是头脑，女人靠的是血液；投入这个世界，男人用的是思考，女人用的是生命；和这个世界相联系，男人凭的是意志，女人凭的是感觉。

男人是三角板，女人是圆规

一事当前，尤其是困难或恼怒的事。女人容易皱眉头；男人容易动拳头。女人首先想的是没法办；男人则想的是怎么办。

男人爱用脑子做事，就像电脑遥控朝着既定的目标；女人爱用感情处事，就像海葵伸出众多触须，盲目无着。

女人是感性的，男人是理性的；感性的，可以激情如火，火却可以漫天燃烧，也可以熄灭如灰；理性的，则是恒定的天空，无论日月星辰如何起落，霜晴雨雪如何变幻，天空总是横贯在头顶不变的。

认识这个世界，男人靠的是头脑，女人靠的是血液；投入这个世界，男人用的是思考，女人用的是生命；和这个世界相联系，男人凭的是意志，女人凭的是感觉。

情到深处，女人一般爱对男人说："我是你的。"而男人一般爱对女人说："你是我的。"对于爱，男人憧憬于征服，女人满足于献身。

女人如水，男人如石。水，可以千曲百折，千姿百态；石，却是始终如一，巍然屹立。水，可以围绕着石，流转回旋；山，却不会如树被风吹得东倒西歪。

男人在女人的怀抱中能够长大，女人在男人的怀抱中可以缩小。常在女人面前故作刚强的男人，很可能真正到了需要他刚强的时候退却；常在男人面前故作天真的女人，很可能天真只是一道面具，真正的天真早已沦丧。

把男人当作自己手中的拐杖的女人，拐杖在女人的梦中能够长成一颗开花的树；把女人当作自己手中的拐杖的男人，拐杖很可能有一天会成为惩罚自己的棍棒。

女人最易受时代和时尚裹挟，常常表现的形式有两种；一是服装，一是婚姻。服装，追逐时尚和时髦；婚姻，紧跟时代的潮流。男人往往把感情当作生活的一部分，拿得起，放得下；女人往往把感情视为生命的全部，拿是拿得起，放却放不下。

不善言辞，并不是什么缺点；花言巧语，并不是什么优点。人类发明并创造了语言，在表达感情、阐述思想、倾吐内心方面，语言并不是一切；真诚朴素，永远是语言的内核，或者说是比语言更为重要的灵魂。

沉默的男人，是一座大山，他让女人感到力量和安全感，而向大山走进；夸夸其谈的男人，是一个喷泉，他让女人感到湿润之后，又怕被喷出的水花淋湿，而渐渐远离喷泉。

男人是三角板，女人是圆规。无论一个家庭，还是一个集体，要想画出一个理想的图纸来，需要三角板和圆规的配合。

有了男人的三角板，女人才可以外圆内方；有了女人的圆规，男人才可以内圆外方。

一般而言，男人之间，可以把友谊维持长久，尽管平常，淡如清水，并不浓烈；女人之间，这样的持久友谊很难，她们很容易好起来像是一个人，坏起来却可以立刻形同仇人。所以，世界上最伟大的友谊可以存在于男人之间，却很难在女人之间找到。

男人的多情，女人的专情

当女人只是一个女人的时候，心可能窄得难容一滴水流过；当女人只有作为母性的时候，心才可以宽得跑得下汽车，起飞得了飞机。作为女人，可能是渺小的；作为女性，则是伟大的。

女人的年龄和姿色是花，容易凋零；女人的化妆和服装是糖纸，只为包装。

女人的学问不是花，不是糖纸，是可以让女人拥有一辈子保持不会人老珠黄的魅力气质，是学问外在的表现形式；宽厚的心地，是学问培育出的内核。

年轻的女人爱幻想，不年轻的女人没幻想；爱幻想的女人，现实中常碰壁；没幻想的女人，现实中没色彩；中年的女人青春已逝，常回忆和感慨过去的美好时光。

过去年轻时流泪会有无数男人伸手去接泪水；如今泪流满面，男人们包括自己的老公不管或顾不得管了。

年轻的女人最容易得意地挥霍自己的青春，以为青春就是一张最大面值的钞票，可以畅行无阻；以为生命就是一场永远演下去的晚会。当青春透支的时候，已经是无可挽回的。晚会已经快要落幕了，手里的钞票没有了，只剩下一张节目单。

年轻的女人属于春，年老的女人属于冬，中年的女人属于秋。冬天已是花叶的枯萎飘零，春天只是花开的一时烂漫，而秋天是果实的季节。

女人赢得爱情时，是女人的觉醒；女人拥有孩子时，是女人的成熟。女人失去爱情时，女人失去生活的一半；女人失去孩子时，女人失去生活的全部。

男人有财有势的日子，不愁无高朋满座；女人年轻貌美的时候，不愁无男人捧赞。

作为男人，也许就像书店里的书籍一样，有着极其丰富的内容，有的可以终生为伴，相濡以沫；有的只能默默祈祷，遥遥相望；有的则如爬过脚面的癞蛤蟆，唯愿此生不与之谋面。

男人的肩膀就是为无力的女人预备的，一旦她无所依附，就会对镜自怜，满腹幽怨。女人似乎忘了男人也会无力，面对楚楚可怜的女人，无力的男人百口莫辩，男人的无力，说不出来。

男人，总喜欢抽烟，烟意朦胧，像雾像雨又像风；男人，总喜欢做梦，做梦捕捉女人迷乱的眼神，幻想把柔情镌刻在激情中。

男人说他喜欢你，他是真的喜欢你；男人说他爱你，他是真的爱你；男人说他要和你结婚，他也真的想对你好一辈子。至少"此刻现在"，或过去的"那时"，他是真的。问题只在"此一时彼一时"，男人不是上帝，没有一双巨手可抓住"永恒"，让时光停留。

男人选择执着，女人选择痴情。执着是针对事业的，痴情是针对爱情的。

男人选择面子，女人选择实惠。因为面子，男人不敢讨价还价；因为面子，男人宁可贡献出肝和胃，也不肯放下手中的酒杯；还是因为面子，男人即使借钱也要把该请的客请了。女人却不玩表面文章，对于讲面子的男人能博得女人一时，却不能博得女人一世。因为婚后的女人喜欢精打细算，而不喜欢为了面子而胡乱挥霍的男人。

男人可以没有爱情，但不能没有婚姻，成功男人的背后永远站着一个默默支持他的女人。

没有婚姻，男人就像那墙上的影子，与他作战的永远都是自己，所以男人应该懂得，人只有超越自己，才能成就自己，而婚姻正是超越的第一步。

女人可以没有婚姻，但不能没有爱情。没有爱情，女人就像北方冬天落光叶子的大树，光秃、荒凉、萧瑟。

男人选择雄心，女人选择细心。有雄心的男人未必能成就大事。因为"好高骛远"而常使"英雄泪沾巾"。细心的女人也未必一辈子碌碌无为，因为"细水长流"，"涓涓细流终究是要汇成大海的"。

男人有眼泪并不流出来，因为他的心是大海；女人总改不掉爱哭的习惯，因为她的心是小溪。大海有大海的雄姿，小溪有小溪的风韵。

一个伟大男人的愤怒，甚至可以让地球颤抖；一个漂亮女人的冷静，甚至可以左右一个伟大的男人。他们的力量都是巨大的，但表现力量的方式却明显不同。

大气的男人爱的是天下，得"民心"者得天下；小气的女人爱的是小家，"破家"值万贯。（男人如刚）

> 一个不懂得为女人让步的男人,是最无能、最不可交的男人;一个不懂得为了爱让步的女人,是最失败、最不可交的女人。

成熟男人知道退一步,幸福女人懂得让一步

一个不懂得为女人让步的男人,是最无能、最不可交的男人;一个不懂得为了爱让步的女人,是最失败、最不可交的女人。

长不大的男人,最重要的标志,就是跟自己人,跟自己所爱的家人,争长短,争输赢。那些看起来很爱面子的男人,其实,通常内心充满着阴暗的胆怯。所以,每一次看到那些装成硬汉、从不会懂得认错的和让步的男人,都觉得很可笑。这一类人,内心往往都充满着嫉妒、狭隘,很难让阳光照进他们的心灵。

何谓成熟的男人呢?对自己人、对家人、对爱人很温柔,温

柔得如同孩子、如同女人。而对外、对困难，则蔑视、毫无惧意、顶天立地、不慌不忙，淡定从容。如果，你动不动就在亲人争执、寸土不让，哪怕口舌上的输赢都要争，可以保证，你在外面必定没有什么作为。

女人，退一步；男人，退两步。一个懂得爱的人，宁可扮演输家，也不去打败自己的人。打败了她，或者他，你想得到什么呢？

真爱，就要懂得让步。让步，不是退却，也不是从权，而是尊重不同的看法、做法和意见。不要在自己人那里去争权威。

一个懂得让步的女人，实际上，不是为了退让，而是为了保护自己心爱的男人，让他可以建立自信，让他可以多一份骄傲。因为，女人为了爱而奋斗，男人为了成为权威而争取，这是荷尔蒙的驱动，你需要尊重那个荷尔蒙，让彼此的荷尔蒙都不要混乱。

退一步，就够了，不需要两步、三步。一步是需要的，这是女人的策略。但是男人，男人应该可以退两步，好让女人不被你的强势所伤害。爱，不管对错只管是否珍惜，只管是否疼爱，只管是否照护好彼此链接的纽带。

做一个好男人吧，把天空让给女人，她们喜欢飞，喜欢不着边际，喜欢没有逻辑地胡思乱想，喜欢充满感性地冲动、激动、盲目地行动。请不要去纠正这些，只要充满着警觉地保护在她的身边就好。更不去讨论是对还是错，我只是个护卫，尤其她们盲目和激动的时候，我的责任是让我所爱的人冷静下来。

即使全部都错了，即使错得离谱了，即使完全没有逻辑地胡思乱想了，都因为有我的保护，而不会受到任何伤害。我甚至愿意隐藏在背后，悄悄把每一个错误都纠正了，以至于尽管她做错了，都让她得到对的结果，让她根本不知道她错了，甚至也不知道我悄悄做了什么。

这样爱一个人，很不简单，可是很幸福，很有趣。尤其是你早知道这是个错误，你也不动声色地照护着照护着，让心爱的人，可以继续做她的梦，继续她盲目的旅程，继续她美丽的、清澈的、自信的人生。我觉得，这是我有资格和幸福，去接受这份爱，所必须遵守的基本守则。

做一个好女人吧，别去揭穿男人的错。其实，每个错的男人都知道自己错。只是他们还没有学会怎么做对之前，需要经由一错再错中，培养经验、眼光、能力、技巧。不要去打击他们，他们其实还小，他们需要一个爱他们的女人，掩护他们，让他们暂时忘记自己的幼稚、忘记自己的胆怯、忘记自己的不够周密、周全，忘记他们还不够强大的事实。

不要去揭穿，不要去扮演很聪明的女人，牙尖嘴利地批评你的男人，而让那可怜的男人，好不容易培养出来的自信心，因你而破灭。宁可看不到，宁可说谎，宁可装傻，掩护你心爱的男人，让他可以看不到困难，看不到错误，勇敢地向前冲。

对，就是这样，每一个英雄，都是瞎了眼睛的男人，他们为了在女人面前逞英雄，于是，勇敢地编织了一个梦想，而且编织的时候，忘记和忽视了问题和困难，就是这样，为了爱，这个笨孩子、傻孩子，在你的掩护之下，成了一个英雄、一个成功的男人。

每一个幸福的女人，也都是"瞎"了眼的女人。她们智慧地选择，选择简单地信任，简单地陪伴，那是真正懂得爱的女人。

好男人，是女人培养出来的。是女人的傻、女人的单纯、女人的信任、女人的臣服、女人的鼓励、女人的梦想培育出来的。如同培育一个孩子成长一样，好男人，因为女人，勇敢地一路冲杀，终于，成就一番事业。

好女人，是男人培育出来的。他让女人永远相信自己是最美的,是最灵敏的,是最棒的公主,他让女人永远不知道自己有多笨,永远不知道还有多少事情考虑得不够周到,还有多少事情没有做好。他让女人,成为高贵的清澈的幸福的公主。男人和女人,我们彼此不是战争。把枪放下,把子弹扔进湖水里。

好好珍惜爱情吧,别总在自己心爱的人面前逞能、较劲、争长短……(袁明)

女人和男人交往,都会打一棍喂一根萝卜,因为女人明白,没有甜头,男人才懒得和她细水长流。

男人来自火星,女人来自金星

男人和女人,永远都是两种不同的动物。即使彼此相爱,也会在做着同一件事情的时候想着不一样的问题。

男人与女人的哲学,是两个宇宙间的事情,永远弄不到一起去。所以世上才会有种悲观的说法,认为婚姻是爱情的坟墓。

有人说,女人是情感的动物,女人把全部精神生活和现实生活都集中在爱情里或者推广成为爱情,女人的爱情就是她整个的生命,特别是那些美丽,聪慧,超群出众的女人。

恋爱中的女人是一道美丽的风景,一杯值得细细品味的佳酿，一件需要小心呵护、仔细珍重的瓷器！

男人不习惯女人那种欲言又止、欲进又退的恋爱花招。男人遇到动心的女人，很快就想上床，女人却不是。女人喜欢被追求的感觉，而且还会故意将被追求的过程弄得曲折、复杂和麻烦，她们会在烦琐的被爱的过程中，细细品尝做女人的幸福滋味。

女人最渴望的是婚姻，最无奈的是婚姻，有时候最痛恨的也是婚姻。

会经营婚姻的女人与会经营爱情的女人的差别是一时与一世的。好的女人像芦苇，在微风中会随风摇曳，但是在狂风暴雨中不会被摧残。

女人的幸福不能总是在珠光宝气、灯火辉煌的夜晚，也不是在旭日东升、波涛澎湃的早晨，而是在一炷小烛的深夜，遥遥无期的等待中品味幸福。

恋爱中的女人是一座核反应堆，可以造福人类，也可毁灭世界。女人的灰心丧气和绝望是男人的天险，一夫当关，万夫莫开。女人和男人交往，都会打一棍子喂一根萝卜，因为女人明白，没有甜头男人才懒得和她细水长流。

女人是一座庙宇，等待男人来朝圣，可虽然朝圣的人有时会很多，但恐怕真正信佛的人不多。

要想捕捉男人飘逸不定的心，还得靠女人的思想和心。聪明的女人不做最好的，只做男人最爱的。女人爱上有家室的男人就是明知山有虎，偏向虎山行，最后幻想做武松的女人往往成为男人的猎物。

女人总是相信一见倾心，再见痴心的童话。女人总是在男人眼光中审视自己，要求自己；在社会的探照灯下隐藏自己，包装自己。

在女人的电话本占有一席之地比在女人心里占有一席之地要难得多。女孩子对一个欣赏的男孩，会心痒到冷若冰霜；女人对一个鄙视的男人，会心狠到卖弄风情。

女孩对爱可能会喜形于色，对恨却不表于形；女人对爱可能会若无其事，女人对恨却会形之于色。

在生活里，女人喜欢依赖男人，男人也乐于接受这种依赖。不过，依赖应该是有限度的。否则，一个事事依赖男人的女人不是把男人变得不像一个男人，就是把自己变得不像一个女人。

女人在被男人欺骗了以后，习惯说的一句话是；"男人没有一个好东西。"但她似乎疏忽了自己的父亲也是男人；男人在被女人愚弄了以后习惯说的一句话是"女人没有一个好货"，他也似乎疏忽了，自己的母亲也是女人。

女人对男人说："爱你一辈子。"泛滥的暖流于胸中荡漾，柔情蜜意。男人对女人说："爱你一万年。"感情的潮水波涛汹涌，澎湃奔腾。

女人爱男人，就要爱上男人的优点与缺点；男人爱女人，就当宽容女人的唠叨与心烦。女人有着千回百转般妩媚，亿万次风情，这都缘于男人爱女人，而绝非女人自恋；男人有着无数次豪气，无量计的干劲，是缘于女人对男人的理解与支持，并不是男人天生就拥有。

女人没有男人将失落生活的盼头。男人没有女人更活不出生活的滋味。女人敢于拥宇宙于怀抱中轻抚慢摸。男人则为揽天地于手中尽情创造。（陆琪）

当女人决定,她要离开你的时候,那这段情就真的结束了。不要问为什么,这个结果是必然的。当男人决定,他要离开她的时候,那她还可以补救的,未必终结。

男人多情而长情,女人专情而绝情

男人多情而长情。女人专情而绝情。

男人和喜欢的女人在一起的时候,在他的心里说不定还有一个或更多的"她"存在,因为他多情。男人可以在多年以后心中还在惦记着他曾经的女朋友现在过得是否安好,因为他长情。

女人却不一样。当她和喜欢的人在一起的时候,她所想的就是他,她所梦的也是他。这时,即使有一个比现在的更好的男人出现,她也不会放弃他的。因为她的专情。而当她决定放弃他的时候,那就是说一切都没有余地了,因为她绝情。

男人的多情，女人的专情

男人，天生就是多情的。只是，他会对某一个人最长情。但这个人成为他妻子的可能性几乎为零。女人，天生就是专情的。只是，她会对某一个人最绝情。但这个人成为她的仇人的可能性几乎是零。

当男人知道以前的女朋友现在过得不好，他会去安慰她，而当女人知道以前的男朋友现在过得不好时，大部分肯定不会去安慰他。

对男人来说，女人是要去保护的，而他则成了男子汉。对女人来说，男人是要来依赖的，而她则成了个小鸟儿。

女人不明白怎么男人可以有这么多的心去记着那么多的情。而男人不明白怎么女人可以这么决绝地忘了一段情。

男人对你说分手的时候应该还有余地的。因为他多情，也因为他长情。女人对你说分手的时候那就是没有余地了。因为她专情，也因为她绝情。

男人和男人之间爱搭肩膀以示友好，而女人和女人之间则爱手拉着手以示友好。相对来说，男人在开心和不开心的时候都喜欢大笑。而女人呢，在开心的时候她会开怀而笑，在伤心的时候她会伤心地痛哭。

一个女人要决心和你分手的时候,你就不要妄想可以再把她的人和心留下。

一个女人是不会轻易地把分手二字说出口的。但,一个男人说要和你分后的时候,你还可以努力一把,说不定你们还会有机会。很简单,就是多情和长情,专情与绝情之分。

在一个女人全身心地投入一段感情中去的时候,那她的心是牢不可破的。但一个男人全身心地投入一段感情中去的时候,却还是可以有间隙让另一个她有机可乘。

当女人决定,她要离开你的时候,那这段情就真的结束了。不要问为什么,这个结果是必然的。当男人决定,他要离开她的时候,那她还可以补救的,未必终结。

男人情,女人情,世间情,一生牵挂一生情,既甜蜜又温馨,伤害也最深。(佚名)

八分的茶配十分的水,其味堪称十分。十分的茶若遇上八分的水,其味仅有八分。因为茶只有遇上好水,才会芳香扑鼻,入口生津。

男人如茶要养心,女人似水要养性

十岁的男人是柠檬茶,人性初显露,淡淡的青涩醇味,回味甘甜;二十岁的男人是雨花茶,初识情怀,至真至纯,滋味鲜凉而气色清香。

三十岁的男人是碧螺春茶,阅历人生是一种去粗取精过程,去除了浮躁又保持了香味而具有了独特美的风格……四十岁的男人是西湖龙井茶,简单中体现了完美,成熟中体现了高贵。而又让这高贵是如此可以亲近于人……

五十岁的男人是乌龙茶,经历了岁月磨炼,开始磨炼岁月。事过千万,不需过分显露,真情自然涌出;六十岁的男人是祁门红茶，经自然调和，收日精月华，滋味浓厚……

七十岁的男人是银针白毫，已不必看见全人，只见其点滴，便可勾勒出全部风华，人性已飘荡其身形之外。过了七十岁的男人集众茶的甘香于一体，经历了所有性情中事而观止……

男人似茶，女人却如咖啡了。

咖啡是一种集众多的味道的极品生活的饮料。好的咖啡，不是一次就可以尝出它的味道。一旦懂了，是可以多年以后都难以忘怀的一段感觉。

不要以为都是饮料，两样东西就可以互通交流，也不要以为都是人，男女就可以互相了解包容。生活就是这样的，好像很像，但往往就是两回事情。

它们共同的是可以不停地涌起丰厚、细腻、持久的激情，并且停留在唇边和舌尖。尝起来浓浓的苦，想起来淡淡的香。

本是两个极端，有那么的相似。因为，它们之间有一种最好的调和剂，那就是——水。没有它，茶仍然是茶，咖啡依然是咖啡，它们是没有生命的。只有水，让它们流动，有了生命，有了感情，有了味道。

而好女人不愿是咖啡，只愿是与茶溶为一起的水，让男人时刻体会女人淡淡的思和悠悠的情。

八分的茶配十分的水，其味堪称十分。十分的茶若遇上八分的水，其味仅有八分。因为茶只有遇上好水，才会芳香扑鼻、入口生津。

男人似茶，女人如水。茶叶和水天生就是般配的。一杯茶的好坏不仅取决于茶叶本身，更依赖于水的冲泡。

如茶的男人把一次次的记忆沉淀在心里，他珍惜着自己的选择，用自己的方式读着茶。而那碧盈的茶水——就早已是勾画在他心中的一幅画。

如水女人的意义属于懂她的人，珍惜她的人，爱护她的人——那便是如茶的男人了。

"这杯茶，会一直喝下去……"茶的清郁必须用心灵去体验才会知道。（佚名）

男人也好，女人如是，让自身的美丽伴着真诚的心念，装出空谷幽兰的气韵，装出海纳百川的气势，装出人间烟火的暖意……

男人会"装"有深度

装，就是喜怒不形于色；装，就是忍辱负重；装，就是不要太认真。

男人应该有宽厚也沉着的心胸如山川，更应有粗犷也细腻的情怀能"装"。否则又怎么能担待起"男人如山"这敞亮有声的称呼呢。

男人如山，此"山"非彼"山"。未必有高大的身躯，但一定具有相当的包容性；未必有丰厚的才情，但一定要有温和的心性；未必有俊朗的容颜，但一定要有阳光的心态。

如山的男人,是有责任感的男人。凡事拿得起、放得下,与他交往不存在功利,只缘于心性,只是单纯地欣赏,且会在不经意的细节中获取一份心理上的安慰和充分的信赖。

这样的男人,未必是善言的,却会在你需要的时候,担当起听众的角色,使得你在不设防中打开心扉,将所有的全盘托出。

这样的男人,不仅仅如"垃圾桶"一般,能适时地容纳你的愁绪和浮躁,更能在需要的时候,带来理性的认知和中肯的建议,使你懵懂出恨不逢君早相识的感慨,使你在不觉中放下繁复,微笑恬然。

如山的男人,是忠厚也诚实的男人。不轻易表达内心的喜好,却习惯以固有的姿态默守着心中的美好;于起起伏伏的人潮中,练就出浩然的风骨,细腻的情怀。

不媚俗,不喧闹,以严谨的态度行走在嘈杂的人群里,以敏锐的嗅觉感知着生命的真谛,以踏实的作风享受着生活的馈赠。

如山的男人,是积极向上又极富爱心的男人。他们懂生活,会享受,无论怎样的忙碌,亦会偷得浮生半日闲,为家庭营造一种温馨的气氛,为朋友带来轻松的笑颜。

一杯清茶、一阕小令,是他们尤为沉迷的时光,偶尔的诗情画意间，更显出骨子里的儒雅和温情；他们矫情却不煽情，明智却不市侩，懂爱却不滥爱。以温雅面对良善，以柔情呵护纯净；感性做人，理性做事是他们一贯的坚守。

如山的男人要善于装，这个"装"字是一种定力，是一种情调，更是一种智慧。

"装"，是要有资本的，与灵魂有关，和修为有染，更与人格境界相辅相成。一个心无大志，行事坍塌的人，无论怎么的乔装打扮，也遮掩不了骨子里的庸俗和虚假。

"装"，是一种本能；会"装"，却是一种大智慧。

若是可能，请尽情地"装"吧。（罗芬）

|09| 友情以上,爱情以下

若只是多心,何苦虚张成情。
若只是微凉,何必虚夸成殇。
若只是心疼,何必说成心碎。
若只是喜欢,何必夸张成爱。

你因为有这样的一个男人,才更加热爱自己的生活,珍惜自己的生命,也因为有了他的存在,你的生命多了一道光彩。以后,你们会慢慢变老,心底里沉淀了那些无尽的回想与遐思。

女人心里都有一块原始的荒地

有人说,女人心里都有一块原始的荒地,可能一辈子都没有合适的男人去开垦。父亲、儿子、老公、情人、朋友,都走不进这块土地,只有一个人才有幸开垦这块荒地——蓝颜知己。如果女人恰巧碰到了,就要好好珍惜。

他不是你的老公,也不是情人,而是藏在你精神领域的那个人。他不一定英俊,不一定有钱、有地位,不一定要比你年长,但他成熟、睿智。每个女人从骨子里都想拥有这样一个人,这个人给自己安全感，却不破坏自己的家庭；他是个普通的男人，却不同你老公攀争。他会在迷途中牵着你的手，在你看清路时把你交到你老公手上。

他没有丈夫的霸道和忽视，没有情人的贪恋和欲望。他有男子汉的宽大胸怀，也有男子汉的柔肠侠骨。你和他探讨人生、生活琐碎，你和他畅谈理想和前程，你和他不需要相濡以沫，你总是没完没了地倾诉，他无论什么时候总是默默地倾听你的心声。

他是除了你的老公之外最了解你的那个男人，甚至有的时候你不能对老公说的话，可以对他说，你的心情故事能同他分享，有了这个人，你会觉得有了心理医生，多了一本心灵日记，他像个撒气桶，能装得下你所有的好和不好，他像个空调机，给你送热风再送凉风。

在你烦恼的时候，他是你忠实的听众，是你真实的朋友。他不会因为你的喋喋不休而远离你，不会因为你的胡搅蛮缠而鄙视你。他会告诉你解决问题的办法，为你出谋划策，然后陪着你走出阴影。

人活这一辈子，总会碰到一个或几个很特别的人，这些人可能就是你纯粹的精神寄托，不能单纯地把他划归为朋友，因为你对他超过了一般朋友的界限和理念,可你和他又不曾有过将之升华为爱的想法和具体行为,你们之间甚至连手都没有握过。

你和他之间的那种情感,那种超乎寻常的友谊,又不能简单地归类到爱情之外的第四种感情,它介于友情和爱情之间,也许你把它置于友情和爱情之上,也许在你心中它是一种比友情和爱情更加深厚更加丰富的情愫。

他可能会因为你的悲伤难过轻轻拍着你的肩,可能会因为你害怕牵你的手,可能当你哭泣拥你入怀,却仅止于此。也许平时他是一个浪漫多情的男人,但是在你面前他不会做出任何越轨的事情,你们只是在玩笑中亲密,在玩笑中虚拟情感。

他是不太在意你的言行,也不太在意你的容颜的那个人,是可以穿越你的外表走入你的内心的那个人。

你会静静地想他,默默地思念他,你把他藏在心里,藏在你的精神家园。

他一直住在你的梦里面。遇上他,你的寂寞和孤独便都有了寄存的地方。当你遇到快乐,会第一个时间就想告诉他;当你遇到痛苦,你同样会想到他,因为他是你唯一想倾诉的男人。

友情以上，爱情以下

也许日子久了，你习惯每天都想他，也习惯了每天都想和他联系，有时候你的心里不敢再保证你们的友情会升温、感情会变质，怕爱的成分超过友情，每每在这个时候，在你感情要燃烧的时候，聪明理智的他会给你泼凉水，帮助你保持冷静的头脑，因为他不愿意你们都掉进爱情的深渊不能自拔，因为他知道："只有朋友才能一生，情人只有短暂一时。"

有这样一个朋友，应该是人生中最美丽的一道风景，是一种用金钱难以衡量的财富，彼此之间保持距离、纯真交往，这种友谊才会变得更加长久。注定这一生不会产生爱情的故事。但是，你因为有这样的一个男人，才更加热爱自己的生活，珍惜自己的生命，也因为有了他的存在，你的生命多了一道光彩。以后，你们会慢慢变老，心底里沉淀了那些无尽的回想与遐思。（佚名）

> 你以为女人不哭是那么容易的事情吗？当老婆可以在那里肆无忌惮涕泪横流的时候，你怎么会知道，红颜知己的不哭，又是怎样的代价。

男人要红颜，如何做知己

"男人，需要红颜知己"，这可真是一篇所谓的现代男人对婚姻爱情的宣言，充满了男人的自我意识和一厢情愿的对女人感情的要求，却完全没有顾虑到女人的内心，哪怕是一点点。这样的男人真是让人失望。

不过也让人了解为什么有越来越多的优秀女子最终选择了独自一人。

男人说："红颜知己是一种在精神上高于妻子的爱情形式，一种不能生活在一起的思想情人，一种灵魂交流胜于肉体交流的精神伴侣。"

男人说:"一个男人,假如生命中有一个刻骨铭心爱你的女人,又能有一个心有灵犀懂你的女人,夫复何求?"

男人还说:"红颜知己全是些绝顶智慧的女孩,她们心底里最明白:一个女人要想在男人的生命里永恒,要么做他的母亲,要么做他永远也得不到的红颜知己。"

这便是他们对红颜知己的大概定义了。

为什么这个女人要想在这个男人的生命里永恒?为什么她愿意做他的所谓思想情人?

一个女人如果她真的"想要在一个男人的生命里永恒",那么一定是因为她很深地爱着那个男人。爱到无所谓男人对她怎样,无所谓可以在男人那里得到些什么,无所谓男人其实已经有娇妻稚子。爱到无法自拔。

女人是没有办法同时爱几个人的,没有办法既做你的红颜知己,又做他的亲密女友,还要为自己去找一个或者是维持一个体面的婚姻。于是,如果女人愿意要成为男人的红颜知己,那么她一定先是在自己心里爱上了那个男人,而这个女人的笑容后面一定有泪水,一定有。

你以为女人不哭是那么容易的事情吗?当老婆可以在那里肆

无忌惮涕泪横流的时候,你怎么会知道,红颜知己的不哭,又是怎样的代价:适可而止,拿捏分寸,进退有度。

男人从来不会从女人的心情和立场去了解女人。他们一厢情愿地认为红颜知己就应该是永远轻灵洒脱,热情欢快,既了解又同情,既安慰又温柔,既走得很近又不会来给你添麻烦。可是,当女人终于要去面对自己的人生时,她要去哪里找你?是在你家的饭桌旁?在你携子女出游的路上?还是在你老婆哭哭啼啼的枕边?

红颜知己可不可以吻那个男人呢?这里没有说,不知道所谓的"恪守界限"的界限是划在哪里了?握手?接吻?还是更进一步?而吻了以后,你又要红颜知己在这无望的爱情里如何自处?

红颜知己在头疼脑热的时候可不可以去找那个男人呢?这里也没有说,不过我估计是不可以的,因为他们的关系是天马行空的,与凡尘俗事无涉,红颜知己当然只有知趣些,自己照顾自己了。

优秀而有智慧而坚强独立的女人是一定有的,也一定有一些真的做了那些同样优秀的男人的红颜知己。但是,再怎样的女人,那颗心也还是苦的,是没有办法潇洒。而一个真正成熟理解的男人，是不会因为有这样的女人在侧而沾沾自喜的，他的心会因为深深的了解和同情，而觉得无奈觉得同样痛苦和无法自拔。他们之所以最终选择以知己的方式彼此牵连，只是因为太多的无奈和爱。

红颜知己的理想永远是最传统的：想要一个男人，她可以在他面前肆无忌惮地哭，可以在黑夜里对他喃喃细语，可以在光天化日下挽着他的手走路，可以在他心里永恒。而红颜知己基本上是得不到这些的，如果她命中注定成为一个男人的红颜知己，那么她除了可以用那虚幻的"永恒"来安慰自己外，她要忍受所有的伤痛，同时要记住笑得更灿烂。

男人，你要红颜如何做知己？（佚名）

向前一步不是幸福，后退一步不是痛苦，他总是在你的不远处，但不会在最深处。深了变痛了，远了变疏了。

蓝颜知己和你的距离永远是 0.5 米

什么样的男人适合做蓝颜？

蓝颜知己一般有很高的情商。他不会一味地讨好你作为女性高傲的公主情结，也不会纵容你不切实际的自我幻想。女人可以对这个男人讲述不能跟老公或者男朋友讲的任何话题，也可以哭诉自己男人给自己所受的委屈。

因为是知己，所以他会怜惜你，会在你被伤害的时候给你一个温暖的怀抱，给你以为是不带任何一点情欲的拥抱，但是他也会指出你在这段关系中存在的错误和不足。

友情以上，爱情以下

蓝颜知己，是真正了解女人心理，了解女人感情的男人。他不会时刻为女人的每一个喜怒哀乐而牵挂，却会在见面的时候为她的每一滴眼泪而心疼，会为她每一次笑容而悦然，是女人在受伤委屈的时候第一时间想起的那个人。

女人总有许多话不能告诉自己身边的男人也不能告诉最亲近的女朋友，于是，寻觅着一个可以关心她爱护她，却又不会让她痛苦、折磨自己去想去爱去恨的男人。

蓝颜知己或许对你有那么几分欣赏，有那么几分喜欢，但是他不会愚蠢到妄想把你变为他的情人，因为这种关系一旦变质，也就失去了他在你心中的意义和位置。

蓝颜知己一定拥有很多的社会阅历。能做蓝颜知己的人心里是有博爱的。他不会简单地把爱等同于占有，就像不可能世间每一朵漂亮的花都要摘回家一样。

正因为有了丰富的社会阅历，品味了人间的冷暖疾苦，他知道世界上的关系若真的要长久，不能在高温下保存。也许日子久了，你对他的倾诉有了依赖性。

你们都怕升温的感情变质，都怕爱的成分超越友情。每每这个时候，聪明的蓝颜知己他会帮你保持冷静的头脑，他会在你感情要燃烧的时候加点冰，他不会让自己跟你一起不小心掉进爱情的深渊中，因为他知道"做朋友得一生，做情人只得一时"。

蓝颜知己都有一颗沉静的心。有时候你会很诧异，为什么每一次他都能那么清楚地了解到你心里的小九九，为什么每一次他说话都能点中你的要害。正因为他对你的感情已经超越了普通的友谊，而又不想庸俗地转化为世界的男欢女爱。所以他有一颗能够沉静下来的心和一双睿智的眼。

这颗心能够感受到你微小的变化，观察到你的思维模式和情绪细节，他仿佛是超然于事情之外的。因此他所能看到的东西是能够还原事情本身的真实面目的，这既不同于情人之间的利益共同体也不同于朋友之间的远距离，他有时候就像潜伏在你心中的另一个自己。

女人一生遇到一个蓝颜知己是不容易的，这要靠双方的修行。向前一步不是幸福，后退一步不是痛苦，他总是在你的不远处，但不会在最深处。近了变痛了，远了变疏了。蓝颜知己和你的距离永远是 0.5 米。（佚名）

友情以上，爱情以下

　　暧昧是保持距离的艺术。保持距离就是在靠近、离开、爱恋、分离发生时，都不用向彼此交代。

友情以上，恋人未满

　　有一种关系，超越友情，却不是爱情。它叫"恋人未满"，也叫暧昧。

　　进一步，你们可以手牵手一起逛街；退一步，你们是知心好友，无所不谈。你们相互关心，相互谅解。

　　受委屈了的时候，可以彼此诉说；累了，你们可以给对方一个拥抱，一个可以依靠的肩膀。

　　有一种关系，没有结果，却是结局。在熟人面前，你们会选择一前一后的行走,气氛也没有平时那么的活跃。私底下,你们也许会彼此撒娇,提出一些无理取闹的要求。

就像歌里唱的:"我把心给了你,把人给了他;把情节给了你,把结局给了他。"这也是暧昧。

有一种关系,叫什么都没有。它既不是友情,也不是爱情,但高于友情,又和爱情有一点距离。

人人都以为你们有什么,可你们却什么都没有。你们可以一起牵手在大街上逛街购物,可以一起去情侣餐厅享受美食。可以一起看电影,在KTV声嘶力竭地放歌。

在需要安慰、需要倾诉、需要人陪的时候,你总会在第一时间想到那个人。这种关系有说不清的愉悦情绪,道不明的轻松默契。

哲人说:"爱是无聊的沙漠中的危险绿洲。"而事实上,这一片绿洲往往是虚幻的。

太多的眼神闪烁,明明有喜欢的成分,却永远离爱情有一步之遥。或者是它真的太危险了,太使害怕受伤的人们不敢靠近。

因为离暧昧越近,就会离爱情越远。谁都在一个最安全的模式中含混着、拖泥带水着、欲拒还迎着,然后各自安好。

友情以上，爱情以下

　　暧昧是保持距离的艺术。保持距离就是在靠近、离开、爱恋、分离发生时，都不用向彼此交代。

　　这难道不是爱吗？可是明明有慌张的心跳。

　　是爱吗？那些暗示频频投递，那些问候心怀鬼胎，如同隔了雾的花，云端美丽，只是等不到天明散去那一刻。

　　暧昧距离现实的爱情，其实还有很远的距离。

　　现实是：暧昧的欲望正在强烈的道德谴责下快乐地苟活着。

　　当谁也不愿先把心交托出来时，暧昧就永远是暧昧，成就不了一场美好的厮守。当每一个人都恪守道德、遵循理智，这样谁也不能腾不出手来接住别人的心。（佚名）

版权声明

本书在成稿期间,参考了国内外众多作者的相关文字资料,特此致谢。部分作者虽经多方查找,仍未取得联系,请原作者见书后尽快与我们联系,以奉稿酬。

联系人:程 诚
电 话:024-86397077
邮 箱:yl_book@263.net